赶走坏情绪

Get Rid of Bad Emotions

范秋霜 编著

企业管理出版社
ENTERPRISE MANAGEMENT PUBLISHING HOUSE

图书在版编目（CIP）数据

赶走坏情绪 / 范秋霜编著． — 北京：企业管理出版社，2020.8
ISBN 978-7-5164-2187-1

Ⅰ．①赶… Ⅱ．①范… Ⅲ．①情绪－自我控制－通俗读物
Ⅳ．①B842.6-49

中国版本图书馆 CIP 数据核字（2020）第 138493 号

书　　名：	赶走坏情绪
作　　者：	范秋霜
责任编辑：	蒋舒娟
书　　号：	ISBN 978-7-5164-2187-1
出版发行：	企业管理出版社
地　　址：	北京市海淀区紫竹院南路17号　　邮编：100048
网　　址：	http://www.emph.cn
电　　话：	编辑部 (010) 68701661　　发行部 (010) 68701816
电子信箱：	26814134@qq.com
印　　刷：	三河市荣展印务有限公司
经　　销：	新华书店
规　　格：	170毫米 × 240毫米　16开本　14.75印张　206.7千字
版　　次：	2020年8月第1版　2020年8月第1次印刷
定　　价：	58.00元

版权所有　翻印必究 · 印装有误　负责调换

前 言

在生活中，你是不是经常只因为一件小事或者一个小问题，就一时冲动，情绪失控，事后却又为此懊悔不已？你是不是容易陷入情绪的漩涡，被悲观、愤怒等情绪控制，或一蹶不振，或怒火中烧，怎么走也走不出来？你是不是总在发牢骚，总在抱怨，总在表达自己的各种不满，想停也停不下来？你是不是发现自己经常陷入特别压抑的情绪中，面对生活感到内心已经疲惫不堪，深陷抑郁不能自拔？……

情绪不是人的全部，却能左右人的全部。我们开心时可能看什么都顺眼，觉得生活非常美好；但当情绪跌入谷底时，做什么都感觉不顺心，提不起半点儿精神，不想和他人说话，整个人的状态与心情愉悦时是天壤之别。

法国作家伏尔泰曾经说过这样一句话："使人疲惫的，往往不是远方的高山，而是鞋里的一粒沙子。"坏情绪，其实就是藏在我们鞋子里的那粒沙子。情绪决定着我们最终能走多远，能站多高，走的过程是心情愉悦，还是痛苦不堪。

情绪力指对情绪的掌控能力，影响一个人的人生高度和结局。能管理好情绪的人，才能赢得成功。在通往成功的路上，缺少机会或资历并不可怕，可怕的是失去对情绪的控制。一旦坏情绪成为"心魔"，周围的人就会对你望而却步；因为萎靡无法清醒，再好的机会也可能与你擦肩而过。很多人往往是先情绪失控，继而生活失控，随之一切都会脱离掌控。

有人格局大，不斤斤计较，能隐忍，其实并非他们没有情绪，只是懂得控制情绪，因为他们明白99%的努力有时真的经不起1%的情绪失控的摧毁。

有人情商高，受到伤害时不是暴跳如雷，而是不失体面地回击，往往也是源于他们较高的情绪力。有情绪是本能，但能控制情绪是本事。真正成熟的人，不是戒掉了情绪，而是能恰到好处地拿捏自己的情绪，支配自己的情绪，做情绪的主人而不是奴隶。

本书分别从情绪本质、情绪来源、情绪表达、自我认知、稳定情绪、压力管理、情绪选择、情绪调节、情绪转移、情绪疏导、情绪平衡和情绪优化等方面详细阐述提高情绪力的方法和策略，助力读者学会有效管理自己的情绪，打造一套主动"趋利避害"的情绪机制，通过升级自己的认知来避免消极情绪反应模式，通过心理自助赶走坏情绪，成为有格局、高情商、能够自我管控情绪、积极而又乐观的人。

编 者

2020年4月

目录

第一章　看透情绪本质，破解隐藏在内心深处的情绪密码 / 1

一　情绪会"说话"，一笑一怒都在表情达意 / 2

二　看准情感晴雨表，把握情绪生物节律 / 5

三　情绪也会"变脸"，舒眉展眼之间尽显情绪本色 / 8

四　拥有情绪智力，掌控自己的情绪不费力 / 10

五　观察情绪，别让1%的情绪失控毁掉99%的努力 / 12

六　疏堵结合，才能不被情绪洪水冲了堤 / 15

七　负面情绪也有价值，感受过后方能"化茧成蝶" / 17

八　不要对情绪视而不见，接纳是情绪转化的前提 / 18

第二章　领悟情绪的来源，做好掌控情绪的积极准备 / 21

一　运用情绪ABC理论，和内心进行一场安全对话 / 22

二　改变消极思维模式，除掉坏情绪的"根" / 24

三　抛却杂念，世上的事情本来很简单 / 26

四　想象就能放松，给自己描绘一幅美丽的画卷 / 27

五　找准自己的气质类型，努力改善情绪力 / 30

六　触景生情情波动，不懂克制难成事 / 31

七　谨防"踢猫效应"，别让坏情绪影响自己 / 33

八　及时化解不良情绪，别让情绪平方定律击垮自己 / 36

九　分清是非，不要让猜疑成为内心的枷锁 / 38

第三章　表达情绪别任性，没人愿意接收你的情绪垃圾 / 41

　　一　控制情绪≠掩盖情绪，适当表达情绪很必要 / 42

　　二　表达情绪≠发泄情绪，别让不良情绪的表达伤害他人 / 44

　　三　别只顾谈自己的感受，而忽视对方的感受 / 45

　　四　不分场合地不吐不快要不得 / 48

　　五　提高情绪管理水平，别在自己的内心堆积情绪垃圾 / 50

　　六　启动自新力，搬掉"绊脚石"——负面情绪 / 51

第四章　自我认知，只有看清自己，才能自如地掌控情绪 / 53

　　一　自己不是完美的，缺点让自己更可爱 / 54

　　二　别以为自己了不起，站得太高会摔得很惨 / 56

　　三　充满自信，才能扛得住情绪的打击 / 57

　　四　持之以恒，别因为暂时的失败放弃努力 / 59

　　五　与其受制于恐惧，不如挑战恐惧 / 62

　　六　开发自我潜能，唤醒内心的巨人 / 64

　　七　让积极成为一种习惯，做希望的自己 / 67

　　八　做好自己，不要害怕被别人讨厌 / 70

　　九　做出足够多的主动努力，收获愉悦的心流体验 / 72

　　十　挥洒热血，赢得不设限的人生 / 74

第五章　锋芒毕露只会伤到自己，稳定情绪扫去情感荆棘 / 77

一　遭遇别人频繁否定，别让自己难以释怀 / 78

二　做一块磐石，在咆哮的洪水中岿然不动 / 80

三　愤怒不已，先别急着对别人发脾气 / 83

四　自我袒露，一个良好的情绪宣泄过程 / 85

五　对人生气，是拿别人的错误惩罚自己 / 87

六　难得糊涂，不计较才是大智慧 / 89

七　放下攀比的心，满意现在的生活 / 91

八　冲动是魔鬼，是永远吃不完的"后悔药" / 93

九　凡事别钻牛角尖儿，执着不等于偏执 / 95

十　建立心锚，给自己改变负面情绪的力量 / 96

第六章　让压力变动力，站在成功的跳板上逆境重生 / 99

一　正视压力，不让压力成为压垮情绪的稻草 / 100

二　把模糊的压力清晰化为目标，逐步分解它 / 102

三　做好时间管理，让自己成为重要的人 / 105

四　做好精力管理，让自己告别力不从心 / 107

五　给自己减压，心情放松自然睡个好觉 / 109

六　别用表面上的云淡风轻，掩盖内心深处的焦虑 / 111

第七章　情绪选择，快乐与否全在一念之间 / 115

一　给自己希望，生活不只有磨难 / 116

二　除了自己，没人能让自己不快乐 / 117

三　保持理智，别在该动脑子的时候动感情 / 119

四　化繁为简，在纷杂中拥有淡定人生 / 120

五　只想自己拥有的，别想自己没有的 / 122

六　生活从不缺少麻烦，麻烦过后便是你想要的生活 / 124

七　改变想法，放弃是为了更好地拥有 / 125

八　别让欲望束缚自己，享受平凡的快乐 / 126

九　幻想出来的事情太多，只是自寻烦恼 / 128

十　得意失意，都不要过于在意 / 130

第八章　情绪调节，坏情绪与好心情只是一墙之隔 / 133

一　不想笑就别勉强，刻意的微笑会使自己受伤 / 134

二　有情绪了别慌张，充分利用情绪的正能量 / 135

三　换个角度看得失，再不好也可能只是"塞翁失马" / 138

四　心理补偿，让失衡的心理重新获得平衡 / 140

五　尝试想象，让负面想法发生积极改变 / 142

六　工作可以枯燥，但心不能浮躁 / 144

七　情绪管理，心情低落时逗自己开心 / 146

八　适当自嘲，让扫兴变成高兴 / 148

九　反省自身，去掉缠人的"抱怨病" / 149

第九章　情绪转移，与状态不好的自己说再见 / 151

一　转移注意力，别在不愉快的事情上纠缠不清 / 152

二　躲避与转移外界的刺激，给不良情绪"断电" / 153

三　不钻牛角尖，远离让自己纠结的死胡同 / 154

四　运用简单情绪调试法，给自己情绪锻炼的机会 / 156

五　活在当下，不要预支明天的烦恼 / 158

六　别被情绪左右，利用逆向思维解决问题 / 159

七　与其反复纠结，不如重新开始 / 160

八　告别愧疚，别让自罪感压垮身体 / 162

九　走自己的路，别让流言蜚语主宰你的情绪 / 163

十　做白日梦不是懒惰，而是奇思妙想的源头 / 167

第十章　情绪疏导，快速摆脱负面情绪的纠缠 / 169

一　适度宣泄，丢掉堵在心口的情绪垃圾 / 170

二　做做运动，让坏情绪随汗水一同蒸发 / 171

三　给自己松绑，别让不良情绪拖了后腿 / 173

四　在日记里发泄情绪，痛苦也会变成美好回忆 / 175

五　情绪疏导不能急，发火之前请先数到十 / 176

六　与其被人看扁而生气，不如努力争口气 / 178

七　深呼吸一分钟，放松紧张情绪 / 179

八　运用森田疗法，顺其自然战胜抑郁情绪 / 180

九　应对信息爆炸，远离信息焦虑 / 183

十　争吵并非一无是处，坏情绪会在沉默中越积越多 / 185

第十一章　情绪平衡，告别心理失衡才能赢回内心的平和　／ 189

　　一　学会释怀，活出洒脱的人生　／ 190

　　二　不要怨天尤人，想想那些不如你的人　／ 191

　　三　减少期望值，期望越高失落越大　／ 193

　　四　对他人的包容，会给自己快乐和力量　／ 195

　　五　问题简单了，快乐就来了　／ 197

　　六　别把情绪当囚牢，走出自己的世界看远方　／ 199

　　七　学会给生活做减法，才能活得更轻松　／ 202

　　八　做人别太玻璃心，一笑而过再好不过　／ 204

　　九　即使很愤怒，也要保持智商在线　／ 207

第十二章　情绪优化，再无奈也别让世界失去原本的颜色　／ 209

　　一　善于欣赏生活，发现生活中的美　／ 210

　　二　自我纠正缺点，使内心更强大　／ 211

　　三　放慢节拍，享受慢节奏的生活　／ 213

　　四　过滤难过事，懂得遗忘才会释然　／ 215

　　五　心里装着明天，就不会为昨天悲伤　／ 216

　　六　人生要经得起诱惑，更要耐得住寂寞　／ 218

　　七　冥想静心，用超然物外的态度面对不良情绪　／ 219

　　八　克服社交紧张情绪，用洒脱和自然获得欣赏　／ 222

　　九　征服逆境，做一个逆商强大的人　／ 223

第一章

看透情绪本质，破解隐藏在内心深处的情绪密码

每个人都有情绪习惯，这种习惯就是应对各种事件的下意识反应。比如，遇到麻烦，有人习惯性悲观，觉得天要塌了，这个问题解决不了；有人习惯性愤怒，觉得"凭什么这样对我，我要出一口气"……情绪没有对错之分，重要的是你不要被坏情绪拖入深渊。

一　情绪会"说话"，一笑一怒都在表情达意

什么是情绪？很多人会立刻想出以下词语：快乐、悲伤、惊奇、愤怒、恐惧、羞愧、沮丧、害怕、兴奋……

从心理学的角度来分析，情绪是对一系列主观认知经验的统称，是多种感觉、思想和行为综合产生的心理和生理状态。也就是说，我们表达情绪时，会在生理、心理、表情、动作等方面做出一系列反应。

比如，我们被别人羞辱后，身体会发生变化——心跳加速，血压上升，呼吸急促等，心理上也会发生变化，产生"生气"的情绪，同时面部表情和身体动作会反映这种心理，出现诸如紧皱眉头、嘴角下垂、紧握拳头、肌肉紧绷等行为。

我们无时无刻不在情绪的影响下生活，我们有怎样的心情，就会有怎样的情绪表达。情绪也是一种语言，可以无声地表达我们的各种感受。

人的情绪大致可以分成以下几种。

（1）愤怒：如狂怒、敌视、怨恨、仇恨、愤慨等，这类情绪走入极端，人会产生入骨之恨，甚至产生暴力行为。

（2）恐惧：如紧张、焦虑、坐立不安、畏惧等，严重的时候甚至会呈现病态化的特征，如恐慌症、恐怖症等。

（3）悲伤：如多愁善感、忧伤、伤心、难过、忧郁、绝望等，悲伤到极点可能会严重抑郁。

（4）厌恶：如轻蔑、反感、讨厌、鄙视、藐视等。

（5）羞耻：如悔悟、内疚、懊悔、懊恼、窘困、屈辱等。

（6）快乐：如兴奋、自豪、幸福、喜悦、放松、狂喜、心满意足、怡然自得等。

（7）惊奇：如惊讶、吃惊、震惊、诧异等。

以上是心理学家在研究情绪时总结的一种分类形式，并不是绝对的。有的情绪由于混合了多种情绪特征，无法准确地归入某一类中，如嫉妒，这种情绪就混合着愤怒、悲伤和恐惧等多种情绪。

既然情绪无处不在，无时不在，我们要想掌控情绪，尤其是坏情绪，就有必要了解情绪究竟源于哪里。

（一）情绪源于生活中的大变动

生活中出现一些比较大的变动时，如举家搬迁、夫妻分离、亲人离世、失恋、失业等，我们往往难以有效处理和应对，这样就会造成情绪上的波动。

（二）情绪源于突发事件

自然灾害、车祸、刑事案件等突发事件不仅使当事人的情绪大幅波动，也会对现场目击者、医院工作人员、救援人员、当事人的亲友以及通过媒体得知这一事件的人群造成一定程度上的情绪影响。

（三）情绪源于生活中的小困扰

生活中，我们经常会遇到一些小挫折或者不如意的小事，如忘记密码、等不到公交车、电脑资料丢失、新衣服被弄脏等，这些也会直接影响人的情绪，累积起来甚至会使人爆发情绪，或者损害身体健康。

刘唐伟经营一家器材公司，平时工作非常忙，甚至好几个星期都在外地出差，陪伴家人的时间太少了，他的儿子变得越来越叛逆，这让他十分头疼。

有一次，他回到家本想先洗个热水澡，然后好好睡个觉。不料，学校给他打来电话，说他儿子经常逃课，不认真学习。想起儿子之前的叛逆行为，再加上老师的这次反馈，刘唐伟变得怒不可遏。放下电话后，他在家里来回乱转，喊了几遍儿子的名字，没有得到回应。他气急败坏地推开儿子卧室的门，发现里边没有人，就出门寻找。

刘唐伟终于在一家网吧找到打游戏的儿子，暴怒之下他强行带儿子回到家，身心俱疲，但儿子却没有悔改之心，一进门就跑到卧室，反锁房门。这时，刘唐伟的助理打来电话，询问新产品的报价问题。刘唐伟特意平复了一下情绪，但说话时语气并不太好，只说了几句话就挂掉电话。

第二天来到公司，刘唐伟才发现自己昨天丢了一个大单。原来，一个大客户对公司的新产品很感兴趣，助理打电话询问报价正是因为这个事情。当时刘唐伟正在气头上，没有认真对待，还挂断了电话。正是刘唐伟的坏情绪毁了一桩好生意。

（四）情绪源于社会问题

生活中存在很多引起情绪波动的社会事件，如治安问题、社会发展问题、环境问题等。人在受到外界环境的不良刺激时，很容易引发情绪波动。

情绪管理

情绪隐藏在内心，影响着我们的生活，我们的很多行为都是受到情绪的影响才产生的。认识并理解情绪的本质和来源，可以帮助我们改善心境，更好地掌控情绪。

二　看准情感晴雨表，把握情绪生物节律

有一位朋友曾向我诉苦：

她的丈夫是一名成功的企业家，有时候十分热情，积极、主动地找她聊天，并且十分温柔、体贴，工作的同时将家里收拾得井井有条，都舍不得让她下手做家务。她觉得自己非常幸福，嫁给了这样一个体贴入微的好丈夫。

但有时她的丈夫就像变了一个人似的，可能会因为生活中的琐碎小事和她争吵，有时消沉、郁闷，不主动和她说话，甚至会因为工作中遇到不如意的事情对她发火。

有一天，她只是回家晚了几分钟，丈夫就大发雷霆。

抱怨完这一切之后，她问我有没有必要带她的丈夫去看看心理医生，她怀疑自己的丈夫可能有了心理疾病。

此案例并非个例，很多人都会出现情绪起伏不定的情况。这就像天气一样，有时晴空万里，有时阴雨连绵，甚至狂风骤雨。这种状态其实反映的就是情绪生物节律，也叫情绪周期。

情绪周期，指一个人的情绪从低谷到高潮的更迭变化所经历的时间。由于情绪的变化和天气的变换十分相似，因此情绪周期又被称为"情感晴雨表"，它可以直接反映人体内部发生周期性张弛的规律，它和人体生物节律息息相关。

当情感处于"晴"的状态时,人们便情绪高涨,对人友善,感情丰富,做事认真,容易接受他人的意见,而且对工作和生活都充满热情;当情感处于"雨"的状态时,人们的情绪非常消极,喜欢发脾气,容易感觉到失落、孤独,变得喜怒无常。

也许我们的情绪低谷期并不长,但如果我们能了解自己的情绪低谷期和失落期,从中找到自己的情绪生物节律,可能会帮助我们更好地调节心情,调整生活或工作状态。

研究表明,一个人的情绪周期是28天左右,其创造力、领悟能力、洞察力等都会在这一周期内发生变化。

2020年3月份情绪指数统计表

日期＼情绪指数	兴高采烈	快快乐乐	感觉可以	平常一般	感觉不好	伤心难过	十分沮丧
1日				▲			
2日			▲				
3日			▲				
4日		▲					
5日			▲				
6日		▲					
7日		▲					
8日			▲				
9日		▲					
10日		▲					
11日	▲						
12日	▲						
13日	▲						
14日			▲				
15日				▲			
16日					▲		

续表

2020年3月份情绪指数统计表

日期 \ 情绪指数	兴高采烈	快快乐乐	感觉可以	平常一般	感觉不好	伤心难过	十分沮丧
17日					▲		
18日						▲	
19日						▲	
20日							▲
21日						▲	
22日					▲		
23日						▲	
24日						▲	
25日						▲	
26日							▲
27日							▲
28日							▲
29日						▲	
30日				▲			
31日				▲			

每一天在固定时间记录自己的心情，在表上与心情符合的一列中画上▲标识。坚持一段时间后，我们就可以非常直观地看出自己情绪的高潮期和低谷期。

从上表可以看出，一个人情绪的高潮和低谷是存在规律的。当处于情绪高潮期时，做任何事情都要三思，切忌冲动行事，以免造成难以挽回的损失；当处于情绪低谷期时，不妨多多鼓励自己，告诉自己"忍一忍就会苦尽甘来"。

了解情绪周期之后，我们不仅可以调节自己的情绪，还可以据此合理安排自己的事务，充分把握时机，在适当的时机做适当的事情。当处于情绪高潮期时，尽量选择做一些难度较大、内容烦琐的事情；当处于情绪低谷期时，要适当参加体育活动或者社会活动，放松心情，如果自己无法排解苦恼，可以寻找精神支柱，向亲人、朋友倾诉，顺利度过这一时期。

> **情绪管理**
>
> 一个人的情绪可能会受到多方面因素的影响，但只要方法正确，就可以找到情绪变化的规律，并适当调整自身的行为方式。因此，我们要结合自身的"情感晴雨表"，把握情绪生物节律，正确地应对情绪的不同周期，努力做情绪的主人。

三 情绪也会"变脸"，舒眉展眼之间尽显情绪本色

一位英国人曾经写过这样一篇游记：

一名猎人无意中捡到一只小老虎，他喂食小老虎牛奶、兔子肉等。在猎人的悉心照料下，小老虎一天天长大，并和猎人一同到山中打猎。夜晚，老虎会在猎人的怀抱中入眠。但是，猎人从来没有忘记过在自己的身上准备一把手枪，以防老虎暴露出野性本色而伤害到自己……

其实，情绪就像游记中的小老虎一样，说不定什么时候就会"变脸"，而我们的理智就如同猎人手中的枪，在情绪"变脸"时要及时防御，保护好自己。那么，到底是什么导致情绪"变脸"呢？

（一）事物与个人的基本需求

事物本身不会直接影响人的情绪，必须通过人的基本需求等因素来起作用。因此，情绪反映的是人与事物之间的某种关系。事物与人的基本需求的关系不仅决定情绪具有积极性还是消极性，还决定了情绪的种类和程度。

比如，我们在商场看中了一件衣服，想要买下来，但是因为价格过高而产生纠结、沮丧、低落等情绪。这其实并不能责怪衣服本身，要怪也只能怪自己太想要这件衣服了，如果自己不想要就不会有这种烦恼了。如果衣服价格低，或者我们对衣服的需求不高，消极情绪可能就没有那么严重；如果衣服的价格非常高，已经超出承受范围，而且自己又特别喜欢这件衣服，这时消极情绪可能会比较严重。

（二）事物发展与人的预期的关系

预期指一个人结合自己的生活经验和习惯对客观事物做出的基础性的估量。随着不同因素的改变，人的预期也会发生变化。

一般认为，客观事物超出人的预期越大，则引起个体需求的情绪反应也越强烈，反之，则越弱。我们也可以这样认为，事物发展与人的预期之间的关系直接决定着人们所产生的情绪反应的强烈程度。

除此之外，这种关系也会直接决定情绪的程度，比如惊奇的情绪，轻者会流露出新鲜感、新奇感，程度稍微重一些会表现为惊讶、惊愕，程度非常重的惊奇情绪可能会是震惊，甚至惊厥。

（三）认知评价

人的认知评价会因不同的生活经验、信念、价值观、思想方法等而对人产生不同的影响。比如，一个无法正确地做出认知评价的人，经历挫折时经常会产生悲观情绪，郁郁寡欢；一个能够辩证地做出认知评价的人，遇到挫折时会以"失败是成功之母"等道理自勉，最大限度地摆脱消极情绪的困扰。

一位心理学家为了证实认知评价对情绪的影响，曾经做过一个实验。

他将实验对象分成两个小组，同时为其注射等量的肾上腺素。肾上腺素可以使人心跳加快、血压升高、面红耳赤、呼吸加快，对健康而言是十分不利的。

之后，他让这两组人依次经过两种特殊环境，一种环境令人高兴，另一种环境令人愤怒。在这个阶段,他告知其中一组实验对象注射的是维生素,而对另一组如实告知。

最后实验结果为:被告知事实的一组实验对象的情绪表现得更为稳定。由于这一组人已经做了充足的认知准备,受到多方因素影响的时候,会潜意识地控制自己,尽量保持情绪稳定。另一组则相反,由于没有认知准备,容易受到环境的影响,表现出的情绪非常强烈。

情绪管理

一般来说,当我们遇到超出自己预期或者想象的人或事物的时候,情绪就会发生强烈变化。如果想要稳定情绪,需要分析情绪变化的原因,促使自己冷静下来。

四 拥有情绪智力,掌控自己的情绪不费力

张瑶最近很困惑,因为单位人事变动,她现在要面对许多新同事和新领导。

张瑶在工作的三年中一直尽职尽责,领导交代的事情总是做得很有条理。无论是在公共场合还是在私底下,领导逢人便夸:"小张是公司不可多得的好员工,你们平时要多向她学习。"在领导的眼里,张瑶是不可多得的人才,是员工模范。

然而,人事变动以后,随着老领导调离岗位,身边的同事也大换血,张瑶曾经的光环一去不复返。新同事和领导对她一直不冷不热,更让她痛苦的是,原来领导以赏识为基本

管理原则，而现在的领导喜欢通过否定员工来树立权威。

于是，张瑶慢慢地失去了彬彬有礼、善解人意、努力工作的特质，变得不再稳重，开始做出一些不当行为。比如，在公司日常活动中，张瑶经常和领导对着干，领导发布信息，原本及时回复的张瑶看到后也不回复，而且私底下她还和同事讨论领导的缺点，甚至将领导妖魔化。

张瑶处理事情的方式是不妥当的，如果她不及时做出改变，她的行为会渐渐摧毁其在同事心目中的形象，甚至葬送自己的前程。

张瑶的行为说明她不够理性，情绪智力不高。情绪智力指个体监控自己及他人的情绪和情感，识别、利用这些信息指导自己的思想和行为的能力。

一个情绪智力较高的人，不仅可以使身边的人愿意与之相处，也可以更好地释放自身的情绪。每个人的情绪智力都不是与生俱来的，在情绪处理上都会或多或少地有着不自知的情况。但只要用心，随着生活经历越来越丰富，不断总结经验，人的情绪智力会不断提高。

管好自己的情绪，才能掌控自己的人生。每个人都不想成为别人口中那个"低情商"的人。那么，在复杂的社会环境中，怎样做才能拥有较高的情绪智力呢？

丹尼尔·戈尔曼认为，情绪智力包含以下五个方面。处理好这五个方面，我们可能会获得较高的情绪智力。

（1）了解自我。只有认识自己，我们才能成为生活的主宰。了解自我是情绪智力的核心。我们要时刻检测自己的情绪变化，能敏锐地察觉某种情绪的出现，感受自己的内心世界。

（2）自我管理。我们要学会调节自己的心情，使其在合理的时间和场合以适当的方式表现出来。

（3）自我激励。在目标的激励下，我们可以调动和指挥自己的情绪，走出情绪低谷，重新出发。

（4）识别他人情绪。作为社会人，我们肯定要与他人交流、沟通。要想沟通顺利，我们就要学会设身处地为他人着想，站在他人角度看待问题，并能敏锐地察觉他人的需求和心理，认知其情绪，采取合理的行动。

（5）处理人际关系。当我们与他人发生冲突时，双方的情绪都处于"高危"状态，此时我们要学会自控，调控自己与对方的情绪反应，心平气和地解决问题，消除冲突。

> **情绪管理**
>
> 掌控情绪者才能掌控未来。情绪智力不仅会影响我们的日常生活，还会影响我们的未来发展。要学会自控，调节情绪，提升情绪智力，做情绪的主人。

五 观察情绪，别让1%的情绪失控毁掉99%的努力

无法控制情绪的人，经常会因为一点儿小事就情绪波动，甚至点燃情绪的"火药桶"，最后造成无法挽回的后果。

人有七情六欲，不可能做到无欲无求，产生情绪波动无可厚非，但是情绪一旦失控，将会被内心不断放大，最终导致严重后果。

"别让1%的情绪失控毁掉99%的努力。"不管我们有多成功，哪怕我们距离成功终点只有1%，突然出现的不良情绪也可能将"进度条"归零，使我们遭遇彻头彻尾的失败。

我们身边优秀的人，或者知名的成功人士，难道他们就没有不良情绪吗？答案是否定的。他们不是没有不良情绪，只是他们能够掌控自己的情绪，合理调节自己的情绪。

那么，我们应该如何做才能避免或减轻不良情绪的影响呢？学会观察情绪，掌握以下技巧，让自己不再受困于不良情绪。

（一）观察情绪，了解不良情绪的导火索

我们可以借助认知治疗学派创始人阿伦·贝克教授提出的常见自负性思维来分析哪些问题会导致情绪出现变化。

1. 主观推断

主观推断指在没有支持性或相关的根据时就做出推论，在大部分情境中都想到最糟糕的情况和结果。

2. 过度概括

过度概括指以偏概全，由一个偶然事件得出一种极端化或泛化的解释，并将其不适当地应用于不相似的事件或情境中。

3. 夸大和缩小

夸大和缩小指用一种比实际上大或小的意义来感知一个事件或情境。

以夸大为例，有人会为自己一时说错的话而惴惴不安，甚至夜晚无法入眠，使自己变成了语言的"奴隶"。其实没必要有这么大的情绪波动，并不是所有话语都会导致严重后果。

4. 选择性概括

选择性概括指仅根据对一个事件某一方面细节的了解就直接得出结论。比如，在最近的一次考试中，周扬由于失误，错误地将小数点写错了位置。他在课下和同学们聊天的时候才发现自己犯了这个错误。做错的这道题的分值比较高，这让周扬非常担心，心想这次成绩肯定非常不理想。然而事实证明他错了，这次他的成绩很好，因为他前面的解答步骤全都正确，所以老师只是扣掉了得数错误的分值——2分。周扬的这种情绪变化就是由选择性概括造成的。

5. 个人归因

个人归因指认为一些不好的事情都与自己有联系。比如，舍友不开心，有人就会想是不是自己不小心惹到了舍友。再如，在家里，如果孩子和配偶不开心，就会思考是不是自己引起的。

6. 极端思维

极端思维指将非黑即白、非错即对等作为判断事物的依据。比如，司法考试被称为国家统一法律职业资格考试，也被称为"最难"的考试。有人认为，如果考试没有通过，备考完全就是浪费时间。其实不然，即使没有通过考试，你也在备考过程中加深了对法律知识的理解，如果生活中接触到相关领域的事情，这方面的知识就会发挥作用。

（二）对症下药，结合多种方法调节情绪

当我们找到了不良情绪的源头，就可以对症下药，运用多种方法应对情绪失控，引导自己走出不良情绪。

1. 真实感受，用事实说话

用自己感受到的事实戳穿情绪的"谎言"，可以消除一些不良情绪。换句话说，实践是消除不良情绪阴霾的重要方法。仔细观察后就会发现，很多负面情绪是很难站住脚的，很多担心的事情是不会发生的。

2. 清晰认知，识别情绪变化

只有清晰地认知自己的情绪，识别情绪变化，才能有针对性地做出调整。如果我们感到很苦恼，那么就需要先认识自己出现的问题，找出苦恼的缘由。

3. 顺其自然，接纳不完美的自己

我们可能会陷入不良情绪，自己不再那么容易获得快乐，每一天都活在自责和焦虑中。我们也想变得理性和克制，但越是这样想就越焦虑。其实，面对负面情绪，除了压制和对抗以外，还要学会接纳，顺其自然，注意力也许会从过分关注的事情中转移出来，好心情自然就会回来。

> **情绪管理**
>
> 不良情绪的危害是巨大的，如果任由不良情绪累积，最后负面情绪爆发就像点燃了火药桶一样，会造成不可收拾的局面。因此，我们要认识自己的情绪，一旦不良情绪出现，要找出其根源，然后有针对性地调节，从而使自己摆脱困扰。

六 疏堵结合，才能不被情绪洪水冲了堤

生活在纷繁复杂的社会中，我们每一天都有可能受到不良情绪的困扰。今天会因为好朋友的不理解而伤心，明天可能会因为领导的训斥而委屈，后天又可能由于父母的冷漠而难过……不良情绪渐渐积压于心，如果不能及时疏通，情绪的洪水很容易冲垮堤坝。

张欣在一家实行时薪制的快餐店上班，为了多赚钱，她每天上班十几个小时，从不迟到和早退，更没有请过假。尽管她对这份工作不满意，但还是小心翼翼地坚持着。

心中积压着这种不满意的情绪，反反复复，每隔一段时间就会爆发一次。当不满情绪积压到崩溃的地步时，便直接向身边的人发泄，为此，她的父母、丈夫、孩子和好友对她都非常不满，甚至丈夫闹着要离婚。

压抑情绪除了对健康不利、损害人际关系，还会降低认知能力。心理学家通过实验发现，观看同样一部电影，压抑情绪的一组研究对象比不压抑情绪的一组研究对象对电影内容的记忆要差得多。因为人的心理能量是固定的，压抑情绪占用了太多的能量，留给用于分析和记忆的能量就不多了。

既然压抑情绪有害，那么应该怎样做才能调整自己的不良情绪呢？答案是疏堵结合。我们可以通过以下方式化解不良情绪。

（一）转移目标

有时候我们不可避免地沉浸在痛苦中不能自拔，这样很难解决问题，会直接影响我们的工作和生活，损害我们的身体健康。因此，我们要尽量将注意力转移到对自己有意义的事情上，减轻情绪的负面作用。

（二）升华自我

升华就是借助情绪的冲动，促使情绪朝着积极的、有价值的方向推进，使之具有建设性的价值。人们常说的"化悲痛为力量"就是这个道理。比如，我们可以化仇恨、羞辱、悲愤、教训、鼓励等为力量，支撑自己，让自己更加努力地改善现状。

（三）自我解脱

解脱就是换个角度思考问题，以此摆脱消极的心理状态。我们可以从更广、更高、更长远的角度分析问题，跳出原有的思维框架，使自己的情绪获得解脱，从而将更多的精力放在对目标的追求过程中。

（四）利用情绪

利用情绪，也可以理解为将不良情绪的不利影响扭转为有利影响。比如，作曲家在经历复杂的情绪变化后，谱写出了动人的乐章；诗人在经历失落后，撰写出感人至深的诗歌等。我们可以从中获得启发，抓住自己的情绪并以之为契机做些有意义的事情。

情绪管理

时刻保持积极的情绪，不被负面情绪禁锢，我们才能够保持良好状态。一旦情绪失控，要及时自我调节，通过转移目标、升华自我、自我解脱、利用情绪的方式，平复负面心理，稳住情绪的防线。

七 负面情绪也有价值，感受过后方能"化茧成蝶"

每个人都对负面情绪避之不及，因为它会让人感受到压抑、失落、烦恼、忧愁，给生活蒙上一层阴影。不过任何事情都有两面性，负面情绪其实也有其独特的价值。

（一）负面情绪对身心健康的作用

心理学家认为，有时愤怒情绪是很有必要的，它可以带来生命的热情。

早在几十年前，美国就通过一项研究证实：与表面看起来一直高兴的老人相比，不定期释放负面情绪的老人相对来说更健康，也更长寿。也就是说，释放负面情绪是有利于身体健康的。

（二）负面情绪在生活和工作上的作用

有人生活无聊，每天都无所事事，这种彷徨的状态正好提供了改变自我的机会。只有当一个人感到不满、了无乐趣的时候，才会想方设法地改变生活方式，步入人生的另一个阶段。美国人类学家拉尔夫·林顿曾说："人类感觉到无聊的能力，而非社会或自然需求，才是文化进步的根源。"

每个人都会自发地追求舒适，但我们对舒适的追求也加强了我们的精神压力，导致我们更加关注事件、经历、关系和情绪。研究表明，在负面情绪中的人往往能注意到更多细节，这一点在识别各种变化时尤为明显。

对各种精密工作，人们常常运用这种心理学机制。例如，从事空中交通管制工作的管理者往往会用严苛的制度向操作人员施压，增加他们的消极情绪。因为这个行业出错风险很高。一旦出错，会造成巨大的人员伤亡和经济损失。雷达上的小光点就是一个个飞机，焦虑和消极情绪会让操作人员集中注意力密切观察，从而减少问题发生。

在很多创意性工作中，这种方法同样适用。"苦闷是写作者的源泉"，不少写作者在创作前会看一些让人情绪低落或压抑的电影来增强自己的表达欲望。可见，我们要善于利用消极情绪，而不是陷入消极情绪中不能自拔。

一个人并不会因为偶尔的哭泣而被贴上"懦弱"的标签，因为没有一个人可以一直保持坚强；也不要因为朋友或者家人的抱怨而心情沉重，那其实是他们的一种倾诉方式……不管是积极情绪，还是消极情绪，我们都应该认真体会，这样才可以使内心更加饱满。

不同的情绪会带来不同层次的心理变化，情绪只是对外界信息的一种反馈。积极的情绪向人们传递的信号为"我获得的结果符合预期，我很快乐"，消极的情绪则传递了"之前的做法不对，我应该调整一下"这样的信号。

体验消极情绪的过程，也是面对创伤、认清现实、平复心情的过程，可以帮助我们面对真实的自己，深刻反省，改变过去错误的习惯心理和准则。我们可以从消极情绪中汲取人生智慧，获得心灵上的成长，发现生活中更深层次的内容。

总之，消极情绪并不可怕，只要我们诚恳地体验并感受，找到合理的办法来应对，也能从中获得价值。

情绪管理

不管是正面情绪还是负面情绪，都有其独特的价值。感受过负面情绪的人，更有可能在度过痛苦和消沉的情绪磨难之后焕发新的光彩，获得新生。

八 不要对情绪视而不见，接纳是情绪转化的前提

每个人都有和不良情绪斗争的经历。或许我们起床后就莫名感到心情低落，为了让情绪高涨起来，开始听音乐、喝咖啡、阅读、找人聊天、逛

街购物……可能有效果也可能没有效果。

一位哲学家曾说过:"不善于驾驭自己情绪的人总会失去些什么。"良好的情绪可以为生活和事业提供助力,恶劣的情绪则会直接损耗身心,影响健康。因此,我们不应该对情绪视而不见,而要保持清醒的头脑,接纳自己的情绪,做情绪的主人。

泰勒·本·沙哈尔教授在哈佛讲授《幸福课》,第一年时只有8名学生听课。有一次,他在课后到研究生餐厅就餐,一位不是他学生的人看到他以后,对他说:"你好,泰勒,我的室友正在上你的《幸福课》,你得注意了,如果哪一天我看见你不高兴了,我就告诉我的室友。"

当天,泰勒在上课的时候对学生们说:"我不希望你们到我这里来,就以为我永远是一个乐呵呵的人。这个世界上只有两种人永远不会难过,一种是精神病人,一种是死人。只要你是一个正常的人,你总会经历痛苦、伤心、难过、沮丧或抑郁。"

在课堂上,泰勒做了一个实验,让学生们在接下来的几秒钟内不要去想一只粉红色的大象。结果大多数学生的头脑中总有一只粉红色大象的形象挥之不去,这是因为越是压抑某种情感,该情感就会越固执地停留在大脑中。

阿玛斯曾提出过"坑洞理论":为什么外在事件总是会触发你的情绪?那是因为你长期积累的"负面"情绪能量没有得到释放,它们一直都在你的内心深处,一旦类似的外在事件发生,这部分情绪能量就会被触发,这些情绪能量使你变成了一个满身都是"坑洞"的人。

"坑洞理论"可以很好地诠释我们痛苦的原因。这些"坑洞"一般来源于童年的创伤经验,或许是没有得到父母的理解、关心,自己感觉不到自身的重要性,于是心里就会慢慢失去与某一部分的联系,留下的则是匮乏感和失落感,这就是心理的"坑洞"。

阿玛斯认为,我们应该允许自己忍受、承认、接纳这些"坑洞",允许自己去体会不足和空虚，这样才会与之和解，重新获得连接的能力，从而找回更完整的自己。也就是说，我们要放下心中的执念，接纳自己的不良情绪。

当我们勇敢地面对自己的情绪时，就有机会通过外界事物填补情绪的"坑洞"。感知情绪，理解情绪，接纳自己的负面情绪，这部分情绪能量就会成为体内的一个重要组成部分。

情绪管理

每个人的心理都会存在"坑洞"，正是因为这些"坑洞"，我们体会到了失落等不良情绪。因此，我们要主动接纳自己的情绪，慢慢地就会发现，当不良情绪被接纳后，它就会在自我调整中烟消云散。

第二章

领悟情绪的来源，做好掌控情绪的积极准备

思维决定情绪，人的烦恼并非来自问题，而是源于看待问题的方式。莎士比亚曾经说过："世间本无好坏，只是想法使然。"因此，我们要找到情绪的源头，改变错误的认知，从而改善自己的情绪。

一　运用情绪ABC理论，和内心进行一场安全对话

李薇薇和男朋友邱朗是异地恋，每天都是通过电话或者视频联系。邱朗从事销售工作，每天都很忙碌。有一次，邱朗要出差，双方约定好，他到了目的地就给李薇薇打电话。但一直到晚上，李薇薇也没有接到邱朗的电话。

李薇薇内心非常不安，认为男朋友是故意不给自己打电话的，她觉得邱朗不在乎她了。

第二天，邱朗打来电话向她道歉，并解释说一来到目的地就与客户见面了，没想到客户很热情，还一起吃了饭，双方签订了合同。他本想打个电话，但那时手机没电，只好借客户的手机打了一个电话，但被拒接了。

这时李薇薇才想起，昨天确实有一个未知号码的来电，她当时以为是推销电话，就直接挂断了。想到这里，她便有些遗憾，也对自己的胡思乱想感到无奈。

在恋爱过程中，很多女孩遇到过类似情况，而且也像案例中的女孩那样胡思乱想，使自己的情绪变得糟糕。除此之外，我们在生活中也会遇到各种各样导致情绪爆发的事情，比如坐地铁上班被人踩到脚，但对方一声道歉也没有就离开了；花费很多心思想出来的活动策划被领导一口否决，自己根本不知道被否决的理由而无法改进；下班回到家，给父母打了一个电话，被他们埋怨国庆节没有回家，感觉很委屈……

经历的不开心太多了，负面情绪自然会堆积在心里，甚至会觉得整个世界都在和自己作对。这似乎是我们的本能反应，只要有人向我们表现出不太友好的态度，我们就会从心底认为，对方一定是在针对自己。

要想转变这种不良状态，摆脱负面情绪的包围，我们有必要了解情绪

ABC理论，并借助该理论与内心进行一场安全对话，解决自身的困惑。

情绪ABC理论是由美国心理学家阿尔伯特·艾利斯创建的。ABC分别对应三个单词，A即Activating event（激发事件）、B即Belief（个体对激发事件的认知和评价而产生的信念）和C即Consequence（情绪和行为后果）。

情绪ABC理论认为，激发事件只是引起情绪和行为后果的间接原因，而直接原因则是个体对激发事件的认知和评价而产生的信念。由于大脑对事件的加工不同，产生了不同的认知和评价，于是出现C1和C2两种后果。

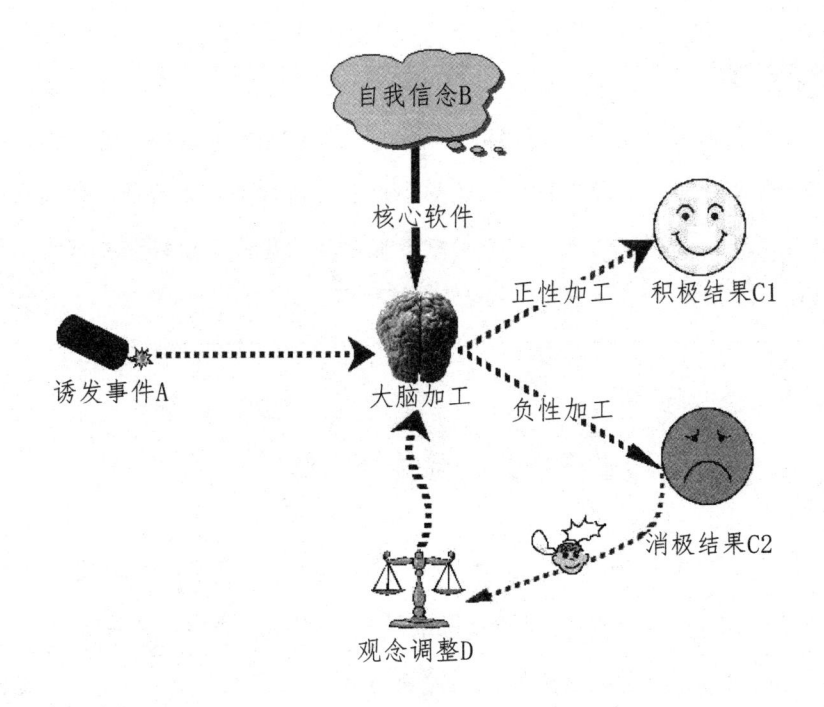

如果用公式来表达情绪ABC理论的含义，就是A+B=C，激发事件和对事件的认知与评价共同形成了最后的情绪和行为结果，两者缺一不可。当我们对这一理论有了足够了解后，便可以借助它指导自己调节情绪。下面用该理论分析本节开始的案例。

（1）从事例出发，找出激发事件。李薇薇情绪的激发事件就是男友在到达目的地之后没有给她打电话。

（2）自我反思或者询问对方对这一事件的感觉与反应，并找出不合理思维之所在。李薇薇对男友没打电话的事情非常关注，由于找不到原因，产生了一系列怀疑男友的想法。

（3）调整观念。李薇薇在了解情况之后，应该正确看待自己的想法，并假设如果不是自己想的那样，有什么其他可能性。

在借助情绪ABC理论与内心进行安全对话后，我们会发现，其实事情没有那么可怕，并开始接纳自己的不良情绪，辩证地看待问题，原本的担忧、紧张等消极情绪也会在自我调整中朝着积极的方向转化。

情绪管理

当我们深陷消极情绪的漩涡时，可以借助情绪ABC理论，与内心进行安全对话，从激发事件、认知和信念、情绪和行为后果等方面分析自身情绪，以辩证的态度反驳心中不够合理的想法，最终调整好自己的情绪。

二 改变消极思维模式，除掉坏情绪的"根"

很多人长期在消极思维模式的影响下，眼中尽是糟糕的事情，坏情绪渐渐地堆积起来。要想转变消极思维模式，就要将忧伤、悲观和难过赶出生活，用爱心、理解去接纳自己，除掉坏情绪的"根"。

著名作家史铁生在21岁大好年华的时候，可恶的病魔使他瘫痪，只能依靠轮椅行动。后来，疾病再次袭来，他患上了尿毒症。

他曾经也有过消极的想法，一度想要自杀。但他很快就意识到，这样的想法对自己毫无帮助，于是他转变自己的思维。他曾在作品中这样写道："把疾病交给医生，把命运交给上帝，把快乐和勇气留给自己。"

在与疾病较量的过程中，他开始歌唱生活，不再被自己的思维禁锢，不抱怨生活给他的磨难，甚至与他人交流的时候他还会产生"其实和两三个朋友短时间的交谈是非常愉快的事情"的想法。

他向我们展现了生命的韧性。在他的不断坚持下，他真正地活了过来。他已经不再是当初那个饱受磨难而情绪失控的青年，他在经历磨难和艰难之后，开始用自己的作品倾诉，扔掉了自己的消极情绪，成为一名作家。

不难看出，史铁生的积极乐观的情绪对他的人生有着重要的影响。因此，要想转变消极现状，就要改变自己的消极思维模式，保持乐观情绪，以积极的态度看待问题。

（一）探索解决问题的办法

人生不可能一帆风顺，当我们陷入困境时，一定要相信自己可以掌握自己的命运，突破困境。认识到问题后，我们要不断地安慰自己，冷静思考，主动探索解决问题的办法，在新的问题出现前做好心理准备。这样，即使不顺利，我们的理智也会让我们保持积极情绪向前走。

（二）借书信、日记、随笔等写作方式抒发情绪

大量的调查发现，我们流露出的消极情绪会不由自主地将周围的负面信息联系起来，这些信息如同滚雪球一般，越滚越大，直到压得我们喘不过气来。记日记和写随笔等可以疏导我们的情绪，让我们获得心理上的放松，清除我们心中的垃圾。

在写作的过程中，我们可以总结和思考自己的心路历程，思考、关注情绪发展的源头，找到消极情绪的根源有利于我们调节情绪。

（三）做出积极的心理暗示

明智的人身处困境时也会看到成功的曙光，并努力跨越障碍，朝着成功的方向迈进。比如，如果我们非常担心一件事情发生，那么只要出现与这件事情相关的任何信息都会让我们惴惴不安，继而情绪受到影响，导致我们长期处于紧张状态。这其实就是一种消极的心理暗示。因此，要想拥有良好的精神状态，身处逆境时我们也要做出积极的心理暗示，移除压在

身上的情绪负担。

> **情绪管理**
>
> 要想拥有平静的心情，就要学会积极、乐观地看待问题，多与他人沟通交流，开阔视野，打开思路。此外，还需要借助阅读和观察，平复自己的心态，燃起乐观向上的热情，使自己走在充满积极情感的道路上。

三 抛却杂念，世上的事情本来很简单

《列子·天瑞》中有这样一个寓言故事：

杞国有一个人担心天会塌下来，地会陷下去，最后没有地方居住，因此整日担惊受怕，寝食难安。

有个人开导他，天不过是聚集气体罢了，每一个地方都有空气，你整天都在空气中活动，不必担心天塌下来。

可是，这个人又担忧天上的日月星辰会掉下来。开导他的人说，即使掉下来也不会有太大的伤害。

这个人又担心如果地陷下去怎么办，开导他的人说，地就是堆积的土块，无处不在，是不会陷下去的。

经过一番耐心开导，这个人终于放下心来。

成语"杞人忧天"其实就是来源于这个寓言故事。虽然故事情节比较夸张，但是生活中确实有与这个杞国人相似的人。

生活在大千世界，难免会有烦心事让我们陷入紧张、焦虑的状态。仔细观察以后就会发现，很多不良情绪都是由我们思维局限导致的，如果过分忧虑，我们和那个杞国人并没有什么本质上的区别。问题的根源就是自己想得太多，将本来简单的事情想得分外复杂，进而导致消极情绪出现。

我们不要以复杂的心态看待生活和工作中出现的问题，要秉持简单的思维模式，以获得正确的认识。简单是一种心境，将复杂的事情简单化，可以让内心变得更加强大，使自己充满面对困难的勇气，从而找到解决问题的突破点。

这个世界原本很简单，想要在这个世界中快乐生活，我们需要以简单的思维模式思考问题。

（1）学会沟通，在沟通中掌握实情。许多简单的问题变得复杂是由于沟通不当，因此，要学会沟通，在与他人沟通的过程中掌握实际情况，将问题简单化。

（2）学会面对，在面对中接受挑战。不敢面对、试图躲避等消极行为都不能解决问题。为正确解决问题，需要抛开杂念，直面风雨，勇敢地接受挑战，在挑战中成长，在挑战中提升自我。

（3）学会接受，在接受中掌控情绪。遇到麻烦事，由于无法接受，我们很可能会陷入不良情绪而无法自拔。我们要变感性为理性，耐心找到解决麻烦的方法，做完这些我们会发现，麻烦事实际没有想象中的那么难以解决。因此，遇到困难要学会接受，接受之后理性思考，掌控情绪的节奏。

情绪管理

生活中的麻烦和困难层出不穷，每个人都要学会理性面对，将复杂的事情简单化，按照常规的逻辑判断问题。相信自己，美好的事情会在前方等待我们。

四 想象就能放松，给自己描绘一幅美丽的画卷

研究发现，人们经常会通过两种途径缓解不良情绪：一种是通过解决引起不良情绪的问题，清除不良情绪的根源；另一种是通过精神上的"胜

利"来战胜不良情绪。想象属于后者，通过想象可以有意识地为自己营造一种舒适、温馨的感觉，这幅"美丽的画面"有助于缓解焦虑、紧张的情绪。

魏玲在一家大公司做行政人员，每天都要乘坐一个小时的公共汽车上下班，在车上的这段时间对她来说是非常痛苦的。因为在公共汽车上，魏玲每天都会看到不同的面孔，在一双双眼睛的注视下，她很容易紧张，特别担心自己的某一个动作或者某些缺点被别人发现。

魏玲越来越抵触乘坐公共汽车，当压力大到无法承受之后，开始向一位知心朋友倾诉。在了解魏玲的情况以后，朋友鼓励她通过想象转变自己的不良情绪，从而缓解社交恐惧的心理状态。

在朋友的建议和引导下，魏玲想象出了这样的情境：她坐在一块绿油油的草坪上，草坪正对面有一条流动的小河。小河两岸杨柳依依，正在向她招手。微风习习，吹皱了水面，也吹在她的脸颊上。鸟儿在河边自由地飞翔，时不时地发出几声鸣叫。这时候，太阳慢慢西下，天空的颜色逐渐变暗……魏玲甚至在想象时听到了鸟语，闻到了花香……

当魏玲想象的时候，她的关注点发生了变化，渐渐进入一种放松的状态，仿佛周围的事物都和自己无关。几次练习后，原有的紧张和羞怯几乎不见了。

案例中，魏玲运用的是情境想象。其实，想象有不同种类，大致可以分为三种。

情境想象

音乐想象　　　　　色彩想象

（一）情境想象

情境想象就是让自己想象某种美妙的情境，使自己全身心投入进去，从而平复心情，调节情绪。为了达到更好的效果，进行情境想象时，要注意以下几个要点。

（1）想象的情境最好是自然景色，如草原、大海、森林、高原、天空、河流、田野等。

（2）想象的情境要逼真、具体，使人可以清晰地感知其中的细节。

（3）想象的过程要有情感参与，并且一定要积极，否则达不到放松身心的效果。

（4）要充分调动感官，视觉、听觉和触觉结合。

想象结束以后，我们可以记录自己想象的情境，为下一次想象做准备。

（二）音乐想象

音乐可以调节情绪，消除紧张。当情绪出现波动的时候，可以结合自己的文化程度和音乐素养选择合适的音乐边听边想象。一般来说，以柔和、轻松的音乐为主。

在进行音乐想象之前，我们要放空大脑，置身安静、舒适的环境中，聆听、感受音乐的内容，想象音乐表达的意境，感悟音乐的美好。音乐停止后，对比前后心情，再次重复。多次实践之后，焦虑的情绪得以减轻甚至消除。

（三）色彩想象

有关研究表明，美丽的画面中不同的色彩可以给人带来不同的感受，继而影响我们的情绪。

蓝色可以让人放松和平静，红色可以点燃激情，黄色让人觉得温暖，绿色给人生机和活力，白色可以安抚心灵……不同的色彩给我们不同的心理感受。

在心情比较激动的时候，我们可以想象漫天白雪的景象。想象中，雪花拂过面庞，身心得到放松，原本的激动不安便转为安静、平和。

当身心疲惫的时候，我们可以想象自己身处蔚蓝的天空下，享受着金黄色阳光的照耀，随着想象，身心逐渐协调，身体开始变得放松。

情绪管理

想象是引发情绪反应的重要方式，积极的想象可以减轻负面情绪带来的压力，带来美好的情绪体验。因此，我们可以借助"精神想象操"激发乐观情绪，使自己成为情绪的主宰者。

五 找准自己的气质类型，努力改善情绪力

气质是一个人表现出来的典型的、稳定的心理特点，也就是人们常说的脾气和秉性。情绪力指情绪给人带来的力量，可以是正面的，也可以是负面的。

每种气质都有其优势和劣势，因此，我们需要确定自己的气质类型，努力改善自己的情绪力，扬长避短，促进自身的心理健康。

根据气质学说的观点，人的气质可以分为以下四种。

（一）胆汁质

胆汁质的特点是情感的发生迅速、强烈、持久，伴随的动作也非常迅速、强烈和有力。这一气质类型的人大多热情、直爽，精力旺盛，但脾气比较暴躁，容易冲动。

胆汁质气质类型的人遇事要注意沉着应对，养成粗中带细的好习惯；出现暴躁、愤怒等情绪时，要学会克制；多参加"静心"活动，如冥想、养花等，以安抚内心情绪。

（二）多血质

多血质的人情感丰富，反应迅速，热情大方，思维敏捷，善于交往，

但有时也会粗枝大叶，表现浮躁，毅力和忍耐力不强。

这种气质类型的人要注意利用自己活泼、乐观的性格，多参与交往性的工作，并注意改正浮躁、不踏实的毛病，培养专一的良好品质。建议多阅读，多参与写作、刺绣、马拉松等活动。

（三）黏液质

黏液质的人表现为安静型和埋头苦干型，他们的感受性低，耐受性高，善于克制、忍让，反应速度比较慢，情绪比较稳定。不过，他们不够灵活，容易因循守旧，且对事业缺乏热情。

这种气质类型的人要注意培养灵活、热情、静中有动的品质。比如，可以通过脑筋急转弯、电子游戏、舞蹈等训练自己的应变能力，完善自己的性格。

（四）抑郁质

抑郁质类型的人的特点是情感体验深刻、有力、持久，具有很强的情绪易感性。这类气质类型的人多愁善感，往往想象力丰富，聪明且敏感，善于观察，但在遇到挫折以后常常会心神不安，容易猜忌，缺乏信心。

具有抑郁质气质的人要多参加集体活动，在活动中提升自信心。

情绪管理

气质不分好坏，关键在于怎样掌控，要善于发现自己的气质特征，从而通过外界活动不断调整，避免外界刺激造成情绪的大起大落。要学会展示气质的积极面，克服和消除消极面，扬长避短。

六　触景生情情波动，不懂克制难成事

情绪产生波动，往往是多种因素作用的结果。当我们受到外部环境中

的某些特定因素影响时，可能会回忆往事，产生强烈的情感体验，这就是"触景生情"。

走在大街上，突然听到一首老歌，有人会想起初恋，有人会想起曾经的校园生活，内心泛起激动的喜悦或伤感；在异地品尝家乡菜，会想起远在家乡的父母，感慨父母的不易……每个人都是有情感的，触景生情是一个非常普遍的现象。

一般来说，人们对一些比较重要、曾引起强烈情感体验的人或事印象深刻，尽管物是人非，仍会在心里为那些人或事保留一席之地。一旦遇到相关的事物、特定的环境，就会在内心激发出强烈的情感，做出特殊的行为。

一男子正在公园游玩，本来心情挺好，但是他看到一只老虎以后竟然哭着跑了出去！这是为什么呢？

原来，这只老虎患有唐氏综合征，面部扭曲，而这名男子去世不久的母亲就得过这种病。他触景生情，看到这只老虎以后想起了刚过世的母亲，难以控制情绪。

人是非常容易被感动的，只要触动人内心深处的某个点，就能令其释放情感，产生特定的举动。

触景生情虽然很平常，但对于那些内心过于敏感、脆弱，情绪波动比较强烈的人来说，往往会影响其理性思考和正确判断。大量事实证明，过于情绪化的人会因为触景生情而患得患失、犹豫不决，很难成功完成预定目标。

如果我们是容易情绪化的人，就要尽量使自己远离可能触景生情的环

境，从而保持从容不迫、成熟稳健的状态。假如遇到让自己触景生情的事物，可以运用注意力转移法，把注意力转移到其他事物上，这样可以使刚刚产生的不良情绪迅速消散。

> **情绪管理**
>
> 过于情绪化，随时可能会因为触景生情导致情绪波动，无疑会影响工作和生活，针对这种情况，我们应该尽量远离使自己产生情绪波动的事物和环境。情绪出现波动，要转移注意力，用其他美好的事物激发正面情绪，驱走不良情绪。

七　谨防"踢猫效应"，别让坏情绪影响自己

某公司董事长为了使公司运营得更规范，决定延长自己的上班时间，早到晚退，一直以来都严格遵守这一原则。然而，有一天早晨，他因为看资讯太入迷忘记了时间，等到动身时发现自己比平时晚了半个小时。为了不迟到，他在公路上超速行驶，被交通警察开了罚单。

董事长很生气，回到办公室后，看到销售经理悠闲地喝着茶水，便把他叫到办公室训斥了一番。

销售经理被训斥之后，又叫来自己的秘书，对秘书百般挑剔，随便找了几个理由指责他。

秘书在公司敢怒不敢言，回到家中看见儿子，便将怒气发泄到儿子身上。

儿子挨训之后不开心，便一脚踢向家里的猫。猫被踢之后逃出屋子，用爪子抓了恰巧路过这里的董事长。

"踢猫效应"指对弱于自己或者等级低于自己的对象发泄不满情绪，从而产生的连锁反应，描绘的是坏情绪的传染所导致的恶性循环，使坏情

绪的发泄者最终成为受害者。

在生活节奏日益加快的今天，人们在享受现代化生活的同时，也面临着前所未有的压力，精神长期紧张。生活在高压中，人的心理变得更加脆弱，一点儿小事就可能引爆消极情绪，怒火如同火山爆发一般喷涌而出。

那么，怎样做才能不被卷入"踢猫效应"呢？

情绪控制是关键。情绪是客观事物作用于人的感官而产生的一种心理体验，分为正面情绪和负面情绪。因此，情绪感染也就有正面和负面之分。

具体来说，我们可以按照以下方法来减少"踢猫效应"的影响。

（一）拥有乐观的生活态度

不管遇到怎样的挫折，只要拥有乐观、积极的态度，总会有解决问题的办法。在乐观的心态下，我们往往会产生积极的情绪，继而促使事态朝着积极的方向发展。

心理学家马斯洛曾说过："心若改变，你的态度就跟着改变。"其实，坏情绪会传染和循环，好情绪何尝不是如此呢？与其在工作或生活中受到"踢猫效应"的影响，不如始终保持良好心态，把快乐传递给别人，最终快乐会加倍地传递给自己。

（二）心理暗示，换位思考

人是很容易接受心理暗示的，我们不妨通过心理暗示来提示自己遇事一定要冷静。当我们转念一想的时候，可能就会站在对方的角度考虑问题，从而使自己更加理性，及时化解和疏导不良情绪，避免不愉快事情的发生。

（三）掌握流变思维

流变思维指从此时到彼时的一种思维视角，也就是说，我们不能只局限于现在的视角，要善于从过去和未来的视角观察和思考问题。

我们可以用过去的视角了解事情的背景和原因，而用未来的视角则可以看清问题的趋势和事态的严重性。当我们想要发火时，可以先想一想，这件事情再过几天或一周,还算得上问题吗?如果算不上什么问题,我们还有必要情绪激动吗?

某企业的空降高管总是抱怨该企业的人员素质和能力不高,比之前所在的企业差太远了,总是在开会时指责下属,使下属的工作动力日益减少。其实,这位高管与其发火,不如着眼未来,提出改善措施,身体力行地带领下属一起为企业做出贡献。

(四)正确对待错误,敢于接受批评

人无完人,每个人都会犯错误。犯错之后,如果有人提出批评意见,不管意见正确与否,被批评者肯定感觉不舒服,此时被批评者不要发怒,要思考受到批评的原因,否则就会失去改正错误的机会,导致"踢猫效应"不断发生。

(五)发泄、释放情绪

当情绪和压力充斥内心时,身体就会有所反应,这时要把情绪和压力释放出来才能使情绪平衡。当然,发泄和释放情绪时,我们应该选择合适的方式,如健身、读书、做自己感兴趣的事情等。

当我们学会控制情绪以后,"踢猫效应"就会在我们这里中断,而我们也会从情绪控制中受益,成为大家喜欢和认可的人。

> **情绪管理**
>
> 生活中要减少或者杜绝"踢猫效应",从自身做起,避免自己情绪不稳定影响他人,与大家共建良好的工作环境和生活环境。

八 及时化解不良情绪,别让情绪平方定律击垮自己

情绪平方定律,指当引起同一类情绪的事件在某一时间段内重复发生时对情绪造成的累积效应,不是简单地按照事件的次数进行算数累计,而是以平方的方式进行几何累计。因此,出现消极情绪的时候,我们要及时调整,不要在消极情绪中折磨自己,无法自拔。

每天都有很多能够造成情绪波动的事情:天气太热,妆花了;恰逢中午,饥肠辘辘,但外卖迟到了半个小时;本来快要下班,又接到通知,需要熬夜加班……

我们假设妆花了带来的消极情绪值是3,外卖送达不及时消极情绪值就变成了9,当接到加班通知时,消极情绪值飙升到81。负面情绪不断累积,无法忍受时,就会爆发出来,产生严重的后果。

很多人认为情绪是外界刺激导致的,而且会越积累越复杂,自己根本没有办法走出情绪的困境。其实不然,情绪是可以通过自身来化解的。及时化解不良情绪,我们才能避免沉溺于情绪的困境中,减少情绪平方定律的不良影响,进而掌控我们的情绪。

(一)承认负面情绪的存在

喜、怒、哀、乐都是我们情绪的重要组成部分,也是我们感知生活的重要途径,唯有正视它们并且坦然面对,我们才能更加合理地处理这些情绪。

(二)学会自我疏导负面情绪

当遇到不愉快的事情时,不要把其深藏心中,可以找亲友诉说,也可以通过大哭来发泄,从而疏解不良情绪。发泄不良情绪的时候要找好对象、场合和方式,避免发泄情绪时产生"踢猫效应",对他人造成不利影

响。散步和旅游也是疏导情绪的有效方式，置身于大自然的青山绿水中，更易敞开心扉。

（三）认识负面情绪的重要性

当出现负面情绪时，我们就要意识到，内心的真实感受和需求已经被忽略、压抑得太久了。如果我们深入探索自己的内心，找到消极情绪的窗口，以负面情绪为线索来消除内心的阴影，负面情绪就会发挥积极的作用，成为助力我们成功的力量。

（四）热启动练习

美国著名的心理学家芭芭拉·弗雷德里克森发现："我们每天的正面情绪和负面情绪的比例要大于3∶1，才能维持积极情绪的正循环。"为了达到这一效果，我们可以掌握一种比较有效的情绪训练方法——热启动练习。

```
        心怀感恩
感受心跳         想象值得庆祝的事情

练习呼吸              明确目标

          热启动练习
```

1. 练习呼吸

我们需要让自己的精神集中在一呼一吸之间，摒除心中的杂念，专注呼吸的动作和节奏。

2. 感受心跳

科学家发现，对自己心跳更敏感的人，更容易读懂别人的情绪。这说明心跳与情绪存在紧密联系。当我们集中注意力感受自己的心跳时，便可以更关注自己的情绪，获悉自己真实的情绪状态，以便于调整。比如，当我们觉得心跳加快时，可能正处于情绪亢奋或者激动的时候，这时可以提醒自己平静下来。

3. 心怀感恩

心理学认为，感恩是一种积极情绪，是个体受到恩惠后的情绪反应。习惯感恩的人更容易进行自我情绪调节，自我效能感更高。

4. 想象值得庆祝的事情

值得庆祝的事情对平复消极情绪有重要的意义，小到朋友的微笑，大到职位晋升、结婚纪念日等，都可以使人感受到生活的美好，焕发新的光彩。

5. 明确目标

目标如同岔路口的路标，指引我们前进的方向，当我们的目光投向目标时，就会充满前进的动力，不再关注当前的苦恼。

情绪管理

不良情绪的破坏力如此之大，一旦侵入我们内心，有可能会泛滥成灾，在心中激起惊涛骇浪。这时，我们就要通过一些方法平复心中的波澜，平衡情绪，使自己尽快地从不良情绪中解脱出来。

九 分清是非，不要让猜疑成为内心的枷锁

有个人丢了一把斧头，他怀疑是邻居家的男孩子偷走了，便暗中观察，越看越怀疑，觉得那个男孩子的一举一动都像一个偷东西的人，不管是走路时的姿势、和他对视时的神色，还是说话的语气，都像刚偷过东西似的。

没多久，这个人在自己家里找到了丢失的斧头。后来，他再看到那个男孩子时，觉得其姿势、神色和语气，都不像是偷过东西的。

这个小故事形象地描绘了猜疑心的影响力。猜疑心是人性的一大弱

点，因为有猜疑心，有人才会捕风捉影，在某一方面思考过多，思想消极；因为有猜疑心，有人才会无中生有，不分是非，混淆善恶、友敌。猜疑心让人们敏感多疑，以讹传讹，隔阂不断。

俗话说："说者无心，听者有意。"猜疑心重的人过于执着地自我防卫，缺乏信心。他们大多数有些神经质，总是把注意力放在无关紧要的事情上，使自己变得焦虑、烦躁、紧张。猜疑心重的人大多喜欢胡思乱想，多愁善感，这种性格十分不利于稳定健康的人际关系的建立。

这个世界有很多美好的事物，我们不应该让猜疑的阴影遮挡我们的目光。我们要挣脱猜疑的枷锁，信任和依靠这个世界。

（一）增强自信

心理学家认为，一个人越自信，就越不容易产生猜疑心理。当我们信心十足地投入到生活和工作中时，内心十分坦然，没有自卑，没有什么见不得人的秘密，也不会在意其他人的眼光。

因此，培养自信是排除不良心理干扰、开阔胸襟、陶冶情操的有效方法。当我们拥有自信以后，就会认为流言蜚语、小小的误会以及非议都是小事，没有必要在这些事情上纠缠不清，不如对其不闻不问，而把精力放在更重要的事情上。

（二）袒露心曲

我们或许都有过对某些错误的事情深信不疑的时候，而当我们真正了解事情真相以后，就会发现自己的行为很可笑。猜疑其实就是一种人为设置的心理屏障。猜疑没被平复，反而一步步加深，使误解越滚越大，都是因为我们的心灵闭塞，思维不清晰，但又不愿意袒露心曲，固执地认为自己的想法是正确的。

因此，为了减少猜疑，应该做到理性思索，真诚待人，增加心灵的透明度。只有这样，我们与他人才能沟通顺畅，不断增进了解和信任，消除隔阂。

（三）直接沟通

猜疑给自己带来的负面影响力过多，时间久了会难以承受，因此打消猜疑十分关键。其实，打消猜疑的最快办法就是直接沟通。不要根据道听途说就做出狭隘的判断，也不要听信流言蜚语，而应与我们质疑的对象直接沟通，开诚布公地交谈，直至弄清真相，进而公布于众，消除流言。

有些事情并非表面看起来的那样，很多隐情是旁人无法得知的。我们必须直接找到质疑对象，才能弄清楚事情的真相。假如是误会，我们心头堆积的猜疑自然会消失；假如真与自己的猜疑一致，不妨静下心来讨论，这样也比独自一人揣测更能有效地解决问题。

情绪管理

猜疑是笼罩在心头的阴影，不妨卸下猜疑的枷锁，用自信、真诚和沟通找到解决问题的对策。

第三章

表达情绪别任性，没人愿意接收你的情绪垃圾

每个人都有可能遭受情绪的困扰，当产生不良情绪时，究竟该怎样做？是否可以直接发泄情绪？其实，没有人愿意当你发泄不良情绪的垃圾桶，因此，学会适当表达情绪是非常重要的。

一　控制情绪≠掩盖情绪，适当表达情绪很必要

谁都会有情绪，都会有忍无可忍的时候，情绪本不可怕，可怕的是无法控制情绪。无法做情绪的主人，就会沦为情绪的奴隶。其实，能否控制情绪是检验一个人是否成熟的重要标志。与情绪稳定、知道如何控制情绪的人一起共事或生活，你会感到十分舒适，而且有安全感。

控制情绪是一项极其重要的能力，生气的时候能够保持冷静，发生争执的时候懂得沟通，懂得谅解和包容别人的错误是难能可贵的。

很多人认为情绪冲动不可行，就强行压抑自己的情绪，但情绪压抑得太久可能会造成心理焦虑和抑郁，对身体和精神状态都会产生不良的影响。心理学家研究发现，情绪智力高的人善于管理不良情绪，懂得适当地宣泄情绪。控制情绪和掩盖情绪其实有着本质的区别，前者会给情绪以合理的"出口"，而后者则直接将情绪关进"小黑屋"，封闭在自己的内心中。

控制情绪并不是掩盖情绪，适当地表达情绪很有必要。在控制情绪的前提下表达情绪，具体来说可以分为以下三步。

（一）卸下伪装

很多人每天都戴着情绪的"面具"生活和工作，不懂得正确地表达情绪，尤其是负面情绪，他们担心表达情绪会伤害自己和他人的关系，但是，长久地压抑情绪反而会造成更大的烦恼。

表达情绪可以增加人与人之间的了解，拉近关系，提升凝聚力，从而更有效地解决问题。因此，我们应该卸下伪装，将自己的真实感情表露出

来。另外，一个真实的人让人们感觉到的是踏实可靠，也更容易打动人心。

我们卸下伪装，真实地表达情绪后，就会开始关注自己的实力和内涵，慢慢养成良好的习惯，变得乐观和勤奋。

（二）就事论事

在合适的场合合理地表达自己的情绪，不仅直接关系到自己在事业和生活中的状态，还直接影响身心的发展。真实地表达情绪，不仅使问题变得简单，还可以让别人更加愿意接近你。

表达负面情绪时，就事论事是关键。如果表达的情绪和发生的事实相匹配，那么大多数人是能够接受的。如果没有实事求是，很可能引起争端，产生新的不良情绪反应。

（三）灵活表达

如果想要对他人表达不满，为了避免尴尬和冲突，可以通过委婉的方式和态度。幽默的态度和无声的表情都可以起到良好的表达作用。

比如，如果因为工作上的事情产生某些不良情绪，需要向领导或者同事说明情况时，一定要注意场合，避免负面情感过于强烈，不要发牢骚。此外，还需要说明导致不良情绪的缘由，让对方能够理解情绪和事件之间的因果关系，以便更好地解决问题。

表达负面情绪时，还需要对自己的情绪负责任，千万不要推卸责任，将对方当成情绪问题的症结，客观描述才可以达到表达情绪的目的。

情绪管理

没有人可以完全避免出现不良情绪，关键是出现不良情绪以后如何管理。掩盖情绪只会让自己更加痛苦，而控制情绪、适当表达情绪才是走出情绪束缚的正确途径。

二　表达情绪≠发泄情绪，别让不良情绪的表达伤害他人

2018年10月28日，重庆公交坠江事件轰动全国，引发大家的关注和讨论。

公交车上的乘客刘某由于坐过了站，和驾驶员冉某发生争吵。冉某正在驾驶，刘某两次用手机攻击冉某。冉某在没有采取有效措施确保行车安全的情况下，右手放开方向盘还击，造成车辆失控，致使车辆与对向行驶的小轿车撞击后向左撞破护栏，坠入江中。车上15人（含公交车驾驶员）无一幸免，全部遇难。

因为道路维修，公交车改线，乘客错过了下车站点。原本只是错过了一站，却因为两个人情绪管理不当，导致一车人错过了一生。

试想，如果乘客刘某以恰当的方式表达情绪，这场悲剧是不是完全有可能避免？如果司机能够"忍一时"，不还手抵挡，及时采取合理的措施处理问题，结果会不会完全不一样？但是，现实就是如此残酷，人生没有如果，只有后果和结果。

发泄情绪不等于表达情绪，前者过于感性，后者则加入了理性。美国情绪管理专家罗纳德提出过："暴风雨般的愤怒，持续时间往往不超过12秒钟，爆发时摧毁一切，但过后风平浪静。控制好这12秒，就能排解负面情绪。"

如果我们能够理性地控制好情绪爆发的12秒，或者通过合适的方式表达情绪，而不是发泄情绪，事情的结果或许会变得不一样。那么，当情绪出现之后，应当怎样调整呢？

（一）注意力转移法

为了在爆发之前快速消解不良情绪，我们可以有意识地转移注意力，远离引发情绪的刺激源，关注其他事物或者活动。

（二）合理发泄法

我们可以合理发泄不良情绪，但不能向其他人发泄，可以通过写日

记、在没人的地方大哭一场或者跑步等方式来宣泄情绪。

（三）理智控制法

我们可以在情绪爆发之前主动理智地控制情绪的"阀门"，说服自己，让自己快乐起来。比如，在公交车上坐过站之后，我们可以自嘲一下："没做好准备能怨谁，下一站下车，走几步路吧，不然更胖了。"可能在这样的自嘲以后，不良情绪很快就会烟消云散。

学会理智地控制情绪，我们不仅能避免陷入情绪的深渊，还能减少自身情绪对他人的伤害，可谓一举两得。

情绪管理

情绪影响人的行为，发泄情绪还是表达情绪只有一线之差，但产生的结果可能会大相径庭。因此，要尽量考虑充分，以合理的方式表达情绪，减少对他人的伤害。

三 别只顾谈自己的感受，而忽视对方的感受

我的一位男同事工作能力很强，但每次与人有分歧时，情绪就会很激动，跟别人说话时就像在吵架，他几乎不会平静地处理分歧。

正因为如此，尽管他的工作能力很出色，工作业绩也很好，但从来没有升过职。我很奇怪他为什么会这样处理分歧，与他深入沟通后才知道，在他很小的时候，只要他犯了错，他的母亲就会对他狂吼，从来不会给他解释的机会。

他其实也知道自己过于情绪化，但就是控制不住。用他自己的话来说，他可能要用一生来补强自己的这个短板。

在这个案例中，我的同事之所以不能控制情绪，很大程度上归因于母

亲对他的不良影响。父亲的大格局，母亲的好情绪，对孩子的成长影响深远，父母的情绪表达方式甚至造就了孩子的性格。不仅是对孩子，对亲人和朋友也是如此，情绪的表达方式对相互之间的关系有着很大的影响。

然而，平时我们很容易在自己的亲人、爱人和朋友面前直接发泄情绪。为什么我们就不能好好说话呢？怎样做才能正确地表达情绪而不伤害对方呢？答案是注重对方的感受。

如果交流时不注重对方的感受，这种交流方式就是一种暴力的交流方式，肯定会招致对方的不满。非暴力沟通是由心理学博士马歇尔于1963年首次提出的，强调人们交流时彼此之间的关系应当是相互依存、和谐互助的。在交流过程中，交流双方一定要考虑如何处理自己的心情和情绪变化。为了解决沟通时的矛盾，我们可以按照以下流程完成非暴力沟通。

（一）观察

印度哲学家吉杜·克里希那穆提曾说过："不带评论的观察是人类智慧的最高形式。"我们在过去看到或听到的事物可以称为原始信息。我们的大脑生来就能接受原始信息，并立即编造一个简单的故事，这个故事有倾向性，如"好或坏""对或错""英雄或坏蛋"，这种带有倾向性的故事就是评论，我们一般很难从观察中将其分离出来。

下表列出了四个观察和评论的对比。

	观察	评论
1	你说上周就寄出这份文件，但我没收到	你真懒
2	你写的报告里有三个数字是错误的	你工作太马虎了
3	你今早开会迟到了10分钟	你总是迟到
4	我给你发了很多条微信消息，但还没有收到回复	你不在乎我

可见，评论带有非常强烈的主观倾向，攻击性强，容易刺激对方产生反感情绪，不利于沟通。如果想要区分自己的话是观察还是评论，可以问自己"我实际上看到了什么？听到了什么？"。

（二）感受

在了解自己的观察之后，要表达自己的感受。当我们意识到自己的感受并与之交流时就会发现，我们的情绪可以对他人产生强大的影响。

"我感觉你没有认真对待这件事。"类似于这样以"我感觉"开头的话就是在表达想法，相当于"我认为"。分享想法有时会给我们带来麻烦，因为当对方不同意我们的观点，并想纠正我们的观点时，我们与对方的沟通会更加混乱。

分享感受时，也不要说出带有评论意义的话，如"我觉得自己被误解了"，这样对方会认为我们是在责怪他，从而激起对抗情绪。我们最好说出对方所做的事情对自己的情绪有何影响，如"我感到沮丧"。

（三）需要

非暴力沟通认为，所有人都有相同的普遍需要，每一种消极情绪的背后都隐藏着一种尚未满足的普遍需要。普遍需要包括自由选择、合作、保持一致、清晰、言行一致、识别、尊重、保障、安全、支持、理解等。在表达自己的需要时，我们一般使用"我需要……"这一句式。不过，并非所有跟在"我需要"之后的都是普遍需要，如"我需要来自你的支持"。这句话更容易被解释为一个含蓄的指责，对方会以为我们是在含沙射影地指责他"你不支持我"，从而产生心理防御。

为了把这一可能性降至最低，我们不能在表达需要时指明对方，只需说出"我需要支持"即可。

（四）请求

请求是邀请他人来满足我们的需要，前提是与他人的需要不冲突。当我们提出请求时，要遵守以下原则。

（1）提出具体的请求。我们提出的请求不能太模糊，如"我请求你更尊重我"，但对方可能没有意识到自己行为的不妥之处。因此，我们要明确指出满足尊重需要的具体行为，如"我请求你准时参加会议"。

（2）提出想要什么，而不是不想要什么。比如，"我请求你不要直接否定别人的想法",这样说只能说明我们不想要什么,但不能说明我们真正想要的东西。我们需要花点时间把想要看到的行为说清楚,如"当我们的团队成员分享自己的想法时,如果你想提出反对意见,我希望你先在心里问自己几个问题,看看是否能够提出新的想法"。

(3)兼顾对方的需要。我们在满足自己的基本需要的同时,应该思考可以满足所有人需要的方法。因此,当我们遭到他人的拒绝时,先不要急着反驳,可以将其拒绝看作"他们想要请求我们探索他们的需要"。

总之,我们在表达自己的感受时也要关注对方的感受,适当倾听,避免对他人造成不良影响。

> **情绪管理**
>
> 只顾自己,不顾他人,这种交流方式注定会影响双方的感受和关系。因此,表达情绪时,我们也要关注对方的感受,可以采用非暴力沟通方式,在说出自己感受的同时肯定对方,倾听对方的需求,稳定双方的情绪。

四 不分场合地不吐不快要不得

倾诉需要看场合,在不适当的场合宣泄情绪,不仅不会减轻烦恼,还会引起更多的冲突,导致自己的情绪更加不稳定。

朱晓天因为工作问题被主管领导批评了,他非常生气,逢人便抱怨领导脾气太大,在和很多同事抱怨后,仍旧难消怒火,一边用文件夹拍桌子,一边不断地大声抱怨。

这种宣泄情绪的方式不仅不会缓解情绪,反而会影响其他同事的情绪,进而影响大家的工作效率,使自己成为不受同事欢迎的人。不分场合地发泄情绪是一种损人害己的行为。

一般来说，倾诉是为了寻找解决问题的办法，并及时采取正确行动。适当地倾诉后，我们可能就会找到解决问题的办法，找到宣泄情绪的出口，及时调整自己的情绪。

有人会认为，当情绪剧烈波动，需要尽快宣泄时，场合还有那么重要吗？其实，找人倾诉自己的情绪也是有一定讲究的。在合适的场合一吐为快才不会招致倾听者的厌烦。

向人倾诉时，我们一定要先思考以下问题。

（1）自己的事情是否有倾诉的必要性，了解自己的倾诉诉求，是为了得到建议，还是单纯地发泄情绪。

（2）如果倾诉的内容有隐私性，倾诉的对象是否值得信任。

（3）确定倾诉场合和倾诉对象的状态是否适合倾诉。

比如，当我们认为领导的决定非常不合理，自己非常恼火时，应该在私下场合与领导沟通，不要在公开场合，当着同事的面表示不满。私下沟通给双方留下了回旋的余地，即使自己的意见没有得到领导的认可，也不会损害自己在领导心目中的形象。

（4）倾诉要实事求是，避免夸大、隐瞒。

当然，自我倾诉、自言自语是一种更为安全的方法，在细致分析之后我们就会发现，很多情绪在思考的过程中已经自我消化。如果还有倾诉的必要，再选择合适的场合和对象倾诉也不迟。

情绪管理

想要一吐为快，也要看清场合，不能为宣泄情绪而不顾他人的情绪感受。在确定有倾诉需求的基础上，选择合适的倾诉对象，在合适的场合倾诉自己的想法，在不影响他人的情况下释放自己的情绪。

五 提高情绪管理水平，别在自己的内心堆积情绪垃圾

托马斯·坎佩斯曾说道："如果你能战胜自己，你将能战胜一切。"这句话清晰地表明了情绪对个人的巨大影响。

在非洲的草原上，不起眼的吸血蝙蝠依靠吸食野马的血液生存。可是，蝙蝠每次吸血量非常少，对野马的身体并不会造成大的危害，但很多野马还是在吸血蝙蝠吸食它们的血液后死亡。

研究后才发现，野马在驱赶吸血蝙蝠未果后，会狂怒地四处奔跑，而这才是它们的真正死因。

野马由于不能管理自己的情绪，找不到合适的情绪出口，被情绪折磨致死。人也一样，只有管理好自己的情绪，才能管理好自己的人生。

中国青年报社的社会调查中心联合问卷网统计，在2014名受访者中，87.2%的受访者有过情绪失控的经历，78.2%的受访者坦言这给自己带来较大的负面影响，92.4%的受访者认为提高情绪管理能力非常重要，88.5%的受访者认为有必要培养自己的情绪知觉意识。可见，大家已经意识到情绪管理的重要性。

美国社会学家费斯汀格认为，生活中所发生的事情只有10%是自然发生的，而剩下的90%都来源于我们对其他事情的反应。

吃早饭时，胡巍的孩子无意间打翻了蛋花汤，汤溅到了胡巍的白衬衣上。他严厉地责骂孩子，孩子马上找妈妈倾诉，埋怨妈妈不应该将蛋花汤放在桌子的边角上，为此胡巍和妻子吵了起来。

吃完早饭，胡巍急匆匆换好衬衣，要出门时，发现孩子只顾哭，没有赶上校车，而妻子也急着要去上班，胡巍只好开车送孩子上学。

由于担心迟到，他开车比平时快了许多，因为超速违章被罚款，但最

后还是迟到了。他到了公司才发现，忘记带上与客户签订的文件。于是，这一天他过得非常不愉快。

在这个案例中，胡巍因为孩子打翻蛋花汤，把自己的衬衫弄脏而情绪失控，引发了后续一系列不痛快的事情。其实，如果他在一开始就能控制好情绪，后面的麻烦事可能就不会发生。

当意识到不良情绪产生时，我们的体内可能已经累积了很多情绪垃圾。虽然管理情绪比较困难，但这并不是不能完成的事情。

首先，明确情绪的来源。不良情绪的来源有很多，我们要了解自己在焦虑什么，被什么困扰，从而正视自己的情绪。其次，设想最坏的结果。正如案例中的场景，衣服脏了，只要换一套就可以了，这件事情的最坏结果不过如此，这样一想就可以缓解坏情绪了。再次，学会接受坏的结果。连最坏的结果都能够接受，不良情绪也就没有了生存的"土壤"，很快会烟消云散。最后，寻找改善的可能。在预知最坏的结果后，及时采取一些补救措施，减轻损失。

经历了以上四个过程，情绪垃圾会在思考的过程中逐渐消失。

情绪管理

坏情绪堆积害人害己，成熟的人不会被不良情绪压得喘不过气来。我们应该提高情绪管理能力，学会自我管理情绪，清除情绪垃圾，做情绪的主人。

六 启动自新力，搬掉"绊脚石"——负面情绪

自新力指每个生命都具有的自我更新的能力。换句话说，一个人的生活状态就像身体细胞的新陈代谢，剥离旧的，长出新的。当我们发现目前的生活状态不再适合自己时，不妨寻找新的能力，以便于开发更多的可能性。

自新力不仅指面对生活的态度，也可以指面对情绪的态度。当我们发现内心的负面情绪占据了原本应该是正面情绪的空间时，就可以开启自新力，用崭新的自我搬掉负面情绪这块"绊脚石"，恢复阳光般的心情。

安东尼·罗宾认为，解除痛苦有三个方案：一是不要抱怨他人，因为抱怨他人毫无作用；二是不要抱怨自己，抱怨是对过去的关注，对现在没有作用；三是改变对未来的预期，这才是最有效的。其中的第三点便是自新力的体现。

自新力不是要我们破茧成蝶，直接转化为焕然一新的状态，它只是帮助我们改善情绪的便捷方法。比如，当我们认识到自己近期的最大困扰是抱怨时，就要在抱怨这个问题上增强自新力，提醒自己减少抱怨，在自己最容易抱怨的场合贴上提醒自己的话（如"闭嘴"）。

只要我们经常自省，就会发现，习惯性的抱怨是慢慢形成的，我们一开始并不是这样的，但在不知不觉间成了一个喜欢抱怨的人。既然已经知道抱怨形成的原因，就要从现在开始增强自新力，逐渐抛弃这种不好的习惯。时间长了就会发现，我们已经搬掉了那块"绊脚石"，又成了之前那个阳光的自己。

"创业教母"王利芬曾说过，带着情绪做决定会让事情变得更糟糕，所以我们要养成自新的习惯，将负面情绪这块"绊脚石"踢出我们的生活。不要给自己的不良情绪找任何借口，若它已经影响了我们，我们有什么理由不把它纠正过来呢？要想在工作和生活中拥有更好的状态和未来，从现在起就要开启自新力，搬掉挡在面前的"绊脚石"——负面情绪。

情绪管理

如果负面情绪缠身，我们就不要急于对手边事务做出决定，因为此时的理性思维受到影响，做出的决定不一定是正确的，很有可能导致不良后果。这时最应该做的是开启自新力，消除负面情绪，这样才能拥有更好的状态，做出正确的判断。

第四章

自我认知，只有看清自己，才能自如地掌控情绪

正面情绪是我们生活的资本，负面情绪是我们生活的成本。正面情绪可以成就人生，负面情绪可能会让我们"败走麦城"。唯有加强自我认知，我们才有可能不被情绪所控，自如地掌控人生。

一 自己不是完美的，缺点让自己更可爱

俗话说："金无足赤，人无完人。"无论我们有多么优秀，都要认识到自己是不完美的。这个世界一直充满遗憾，大多数情况下，很多完美的事情都是人们主观臆断的想法。

一方面，追求完美是一个人有上进心的表现，这是一种不可多得的优秀品质；另一方面，人如果在追求完美的路上不理智，过于争强好胜，很容易导致心理问题出现。

所谓"物极必反"，追求完美也是如此。过度追求完美，一丁点儿的瑕疵都可能成为完美主义者心中的污点。

实际上，完美主义者经常有死板、极端、烦躁的表现，他们在不知不觉间成为情绪的"奴隶"，被情绪掌控。哪怕是吃饭时一滴油掉在衣服上，都可能让他们一整天惴惴不安。这样的忧虑没有任何意义，却严重影响他们的工作和生活，甚至有损身心健康。

孙志伟是一位性格腼腆、自尊心很强的年轻人，他在学生时代成绩非常好，一直名列前茅。大学毕业后，他工作非常认真，积极进取，经常加班加点地工作，希望给领导和同事留下好印象。大家都对他的工作表示认可，也非常喜欢他，可他每次完成工作之后总觉得有很多不完美的地方，很多细节上有疏漏，为此他常常自责。

自己对工作考虑不周？还是有其他问题？这些想法总是在他的头脑中徘徊，让他痛苦万分，很害怕大家发现他做得不完美。于是，他变得越来越紧张，每当接到新的工作任务，就决心做得更好一些，为此加班加点。可不管怎么努力，工作总是做不到完美。就这样，他整天焦虑不安，工作效率变得越来越低，工作结果当然也就不会像他希望的那样以完美的状态

呈现出来。

完美主义是一种追求尽善尽美的极端想法，尽管可以促使人奋发向上、努力达到目标，但完美主义者因为树立的目标太高，使自己的行为缺乏弹性，再加上对结果有过高的期望值，容易患得患失，徒增心理压力。

过度追求完美不仅让自己陷入无穷无尽的烦恼中，还会影响周围的人和事。完美主义者的苛刻要求和不满论断，不仅会伤害自己与朋友、亲人、伴侣的关系，还会使自己陷入自怨自艾的恶性循环。

人无完人，历史上的伟人或伟大作品也是不完美的。例如，法国著名的政治家和军事家拿破仑性格自负，古希腊哲学家苏格拉底长得很丑，维纳斯雕像断臂……

接受自己的不完美，并不是说自己就是一无是处的。也许我们不擅长理论知识，但懂得在生活中实践；也许我们不苗条，但身体健康，而且聪明伶俐；也许我们不擅长绘画，但音乐素养很高……

每个人都有自己的闪光点和缺点，我们要敢于面对自己的缺点，发现自己的闪光点，发现缺点时要及时改变，如果是不能改变的缺点，就要接受它，并发展优点来弥补自己的缺点。

生活中难免有这样那样的"意料之外"，磕磕绊绊在所难免。实际上，磕磕绊绊的生活才是最真实的，只有学会接受生活中的不完美，接受自身的缺点，我们才能摆脱不良情绪的困扰，拥有积极向上的生活态度。

试想，人生处处完美，那乐趣何在呢？正是由于不完美，人生才会变得精彩，人们会为改善不尽如人意的地方而努力，这是生活的动力；因为不完美，人们感觉到完美与缺憾的对比，才会更加珍视生活中的美好，更加热爱生活。其实生活没有绝对的好与坏，过分苛求只会让自己变得更加苦恼，心中充满阳光，直面不完美，才是一种睿智的生活态度。

> **情绪管理**
>
> 追求完美是可以的，但是要适可而止。不要因为自己的不完美而自卑或者因为生活的不完美而抱怨，其实每个人都有缺点，发现自己的优点并不断强化自己的优势，才能不断强大自己；生活中的不完美是一种常态，也是人生经历之一，换一个角度看问题，心情就会豁然开朗。

二 别以为自己了不起，站得太高会摔得很惨

刘云青是名牌大学的毕业生，在公司踏实肯干，业绩出色，深受领导的喜爱。为了适应市场的发展，领导决定让刘云青做市场推广，并进行市场考察。对此刘云青认为自己的机会来了，把这件事做好，以后升职的可能性很大。

领导非常看重刘云青，让他全权指挥，其他部门协调配合。刘云青为了做好方案废寝忘食，完成初稿之后，分发到各个部门征求意见，但时间到了，没有一个部门给出回复。

为了完成工作任务，刘云青组织大家一同协商，并在会议一开始就宣称："大家好，这个项目由我全权主导，而且这也是为我们的公司创造利益，大家一定要多多配合，多提意见。"

但是，其他部门的人员就像没有听见似的，对此不以为然，当然这次会议也没有实现刘云青的预期目标，这使他非常苦恼，情绪低落，工作状态一落千丈。最终，由于没有很好地完成领导安排的任务，领导对他很失望，渐渐地不再器重他。

其他部门的人员对刘云青的态度之所以如此冷漠，是因为刘云青没有把自己放在恰当的位置上。刘云青只是员工，和其他人一样，大家是平级

的，而刘云青在说话时却有一股领导的气势，把自己看得太高，这让其他人心中不高兴。甚至还有一部分人，看到他能力较强，产生嫉妒心理，巴不得他完不成任务，看他的笑话。

如果刘云青在开会时态度谦虚，并看重其他人的地位和作用，相信这一项目会得到很好的执行。因此，一定要找准自己的位置，不要把自己看得太高。如果把自己太当回事，有时会摔得很惨。过于高估自己，你就很有可能成为最受打击的那一个人。

过于高估自己，其实在一定程度上是过于相信别人对自己的评价。其实我们在别人眼里真的没那么重要，我们没必要在乎他人的看法，没有必要因为别人的消极评价使自己坠入不良情绪的深渊，也不应该因为别人的积极评价而飘飘然。

没有我们，地球照样转动，我们只有踏踏实实地做好每一件事情，在生活中保持谦虚态度，才能真正成为高手。

> **情绪管理**
>
> 不要把自己的身份看得太重要，自我认同感越强，自我限制也就越严重。放不下身份，觉得自己高高在上，只会让路越走越窄。

三　充满自信，才能扛得住情绪的打击

自信指个人内心对自己在社会中扮演各类角色表现的一种高度评价。客观来讲，自信和成功是成正比的，自卑则是自信的反面。在人的一生中，困难、挫折是不可避免的。当负面情绪扑面而来时，自卑的人很容易被情绪打倒，被情绪控制。

弗洛伊德在"童年阴影论"中提到，如果一个人在童年时期受到打击或者挫折，而且没有得到及时的引导，就会在其内心形成自我保护机制。

不良情绪被压抑之后，一旦被触发就很容易造成情绪失控，继而成为成年后人际沟通、恋爱等正常行为的阻碍。这些挫折会频繁激发人的自卑心理，导致焦虑、自闭、低能量、亚健康等状态出现。

自卑形成的原理如右图所示。

那么，我们应该怎样做才能改变自己，提升自信呢？或许迎刃自信状态金字塔理论可以给我们提供答案。

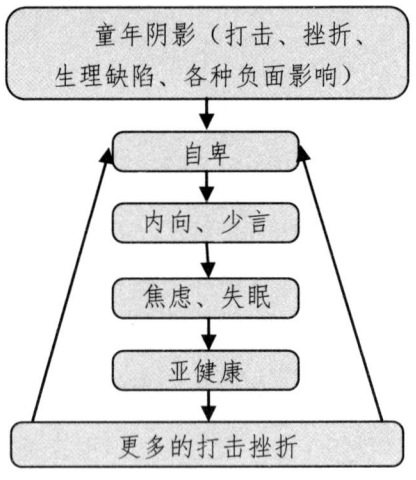

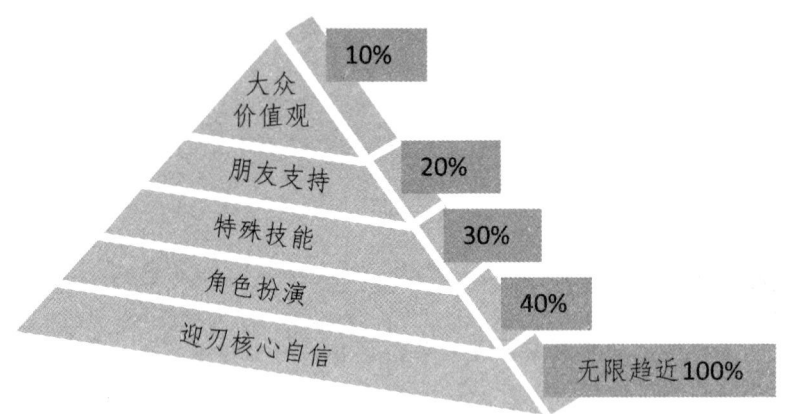

迎刃自信状态金字塔是利用金字塔层级和数字的形式，以视觉化的形式呈现不同的提升自信的方式。金字塔上的大众价值观、朋友支持、特殊技能、角色扮演四个方面属于条件自信，这是自信的前提。

（1）大众价值观。我们可以按照是否符合大众价值观的标准来判断自信程度的高低。比如，有钱了，就变得自信了；买了一件新衣服，非常漂亮，就自信了。这一标准的占比很低。

（2）朋友支持。有朋友陪伴，的确会更有安全感，也有利于提升自信。这要求我们多结交朋友，扩大交际圈。但是，朋友的陪伴是外部因素，无法长久地决定个人是否自信。比如，自己一个人不敢去参加聚会，找好友一起去，觉得自信多了，可是难道就不能自己一个人参加聚会吗？

（3）特殊技能。自己拥有某个独特的技能，或者经验丰富，擅长做某事，在发挥这一优势时当然会很有自信。这就要求我们努力学习，丰富自己的实践经验。但是，如果没有机会发挥特殊技能，经验派不上用场，也有可能变得手足无措，没有底气。

（4）角色扮演。角色扮演指不切实际地抬高自己的价值，以满足自己的虚荣心，如果众人喝彩，就会自信心爆棚。但如果有人戳穿谎言，或者无法再继续扮演该角色，自信心会瞬间崩塌。

条件自信虽可以让我们短暂获得自信，但是无法长久。因此，需要迎刃核心自信训练来进行巩固。这一部分大致可以分成主观自信、客观自信和生理状态三部分。

生理状态决定了我们是否有足够的能力沟通，如果精神萎靡，就很容易让我们在遇到负面情绪时自动投降。主观自信可以改变我们的思维，扭转思维错误，如自我否定、患得患失等。客观自信可以通过实践检验成果积累成功经验，进而为主观自信提供支持。

可见，自信是可以训练出来的，我们要强大自己的内心，赋予自己突破重围的勇气，在积极情绪的影响下提升自己的自信心，努力解决各种问题，突破负面情绪的束缚。

> **情绪管理**
>
> 自信并不是凭空出现并能变得强大起来的，自信需要训练，通过掌握迎刃自信状态金字塔理论并进行有效的实践，我们可以消除之前的消极情绪，获得自信，使自己成为更受欢迎、更成功的人。

四 持之以恒，别因为暂时的失败放弃努力

篮球巨星迈克尔·乔丹曾说过这样一句话："我可以接受失败，但我

不能接受放弃。"人生最大的悲哀就是错误地坚持和轻易地放弃。如果能够在暂时失败后收拾好心情，准备再次"战斗"，只要努力的方向是正确的，成功早晚有一天会到来。

一次次的失败让很多人放弃了努力，精神萎靡，被负面情绪围绕。怎样处理一次次的打击，是一件考验心智、更考验一个人情绪处理能力的事情。在生活和工作中，遇到困难的年轻人、创业失败的青年人比比皆是。他们在确定目标后，在很短的时间内就开始否定自己，知难而退。有人甚至还会将这些问题归结于外界因素，从来不从自身找原因。

他们或许已经习惯于在面对困难的时候轻易放弃。从事销售工作时，可能被拒绝一次就再也不想干销售了；学习编程时，又以自己英语不好或者逻辑思维差为借口放弃；创业时，刚刚开始就被各种各样的困难或挫折吓倒而打退堂鼓……如果一个人在追求目标的过程中一直都是这种状态，他注定将成为一事无成的人。

除了意志不坚定，很多人是在失败之后被负面情绪所困扰，从而丧失了继续前进的力量。因此，学会失败后管理好自己的情绪，对于坚持到底走出困境有很重要的意义。

（一）思考失败的原因

华为公司的创始人任正非说过："有些人没犯过一次错误，因为他一件事情都没有做。"人不可能不犯错，不经历失败。我们不要认为自己能够时刻保持完美，应该客观地看待自己，思考失败的真正原因，在失败中总结经验教训，从而获得进一步的提升。

刘纳城在刚接触互联网时非常兴奋，于是毅然决然地辞去稳定的工作，每天都在想着怎样利用互联网改变传统行业。他看到小米模式成功之后，也曾尝试运用全网、全渠道、降维打法来打开市场，但是收效甚微，市场反应不佳。

过了几个月，他和创业团队都没了激情，于是大家散伙了，项目停止。而刘纳城并未完全死心，他不甘心地回想着自己的失误，并带着疑问向成功的前辈请教，最终发现了自己失败的原因，比如没有做好用户定位，没有解决用户的痛点等。

找到创业失败的原因之后，他很快就整理好失败之后的沮丧情绪，再一次向创业发起了冲击，现在他已经成为某行业一线品牌企业的CEO。

因此，失败并不可怕，我们要用发展的眼光看待自己，通过失败增长智慧，从失败中汲取养分，为下一次成功做好准备。

（二）卸下失败之后的心理负担

很多人会在失败之后产生自责和沮丧的心理，这是正常的，但重要的是我们要思考失败的原因，做出补救措施，一直沉溺于沮丧情绪，就是给自己过度的情绪负担。

不要用失败的情绪惩罚自己，情绪化无法帮助我们获得成功。自责和沮丧不会让一切都变得顺利起来，相反，它们只会让我们更消极，不断接近黑暗的深渊。

要想走出失败情绪的深渊，就应该客观地看待自己的失败。正是因为失败情绪的弥漫，失败者才会习惯放弃，而成功者一直选择坚持，正是因为他们懂得正确地看待失败。

情绪管理

遭遇失败后，首先要分析失败的原因，然后以此为基础改正之前的错误，扔掉心中的浮躁与畏惧，放弃心中的杂念，保持积极、乐观的心态，持之以恒地追求自己的目标，相信在坚持不懈地努力之后，成功终会到来。

五　与其受制于恐惧，不如挑战恐惧

面对生活中出现的挑战、命运的波折和无常，很多人变得无能为力，感觉十分压抑，甚至是恐惧。他们最常说的是"不""我害怕""我不敢"等，以此作为自己不能做某件事情的理由。

恐惧情绪能够给人带来巨大的心理负担和心理压力，尤其是恐惧到无以复加的程度，或者恐惧持续时间过长时，以至于人做什么都会感到害怕，就连之前擅长的事情也会逃避。假如任由这种恐惧感支配我们的内心，很有可能会造成人格创伤，导致我们一事无成。

恐惧情绪具有这么大的危害性，我们必须鼓足勇气，用希望和信心充实自己的内心，驱赶恐惧，并且一定要及早行动，不要等到恐惧情绪严重阻碍工作和生活时再行动，那样就悔之晚矣。

克服恐惧情绪，不妨使用自我激励法，要知道，世界上能把人吓倒的只有自己了。只要我们内心坚定地认为自己能够做到，就没有什么能够阻挡我们。要相信自己，不管恐惧情绪如何强烈，我们都要鼓足勇气、充满信心地消除它。

一位心理学家带领学生们做一个心理实验，他把学生们带到一个黑屋子里，屋子里有一座特制的窄桥。心理学家问："这里有一座窄桥，谁敢从桥上走过去？"

学生们都觉得老师低估了他们的勇气，所以很不服气，每个人都从容地踏上桥，顺利地走了过去。

心理学家打开了一盏光线较暗的小灯，这时学生们隐约看到桥下有漆黑的水潭，在昏暗的灯光下，水潭显得神秘莫测，深不见底。

心理学家又问："现在还有谁敢走过去？"学生们犹豫了，但大部分还是小心翼翼地走了过去。

心理学家又打开了一盏灯，这次的灯光比之前亮了很多，学生们看到水潭里有很多蛇，还有一条眼镜蛇吐着芯子，昂起头直冲着这座桥。学生们倒吸一口凉气。

心理学家又问道："这次还有人敢走过去吗？"这一次，几乎没有学生再敢踏上这座桥。

这时，学生们突然看到心理学家很平静地走过了桥，都非常惊讶。心理学家默默地打开一盏更亮的灯，学生们这才发现，原来桥和水潭之间还有一张细密的铁丝网。

其实，恐惧是对未知的防范心理，很多恐惧是我们强加给自己的。恐惧情绪就像一个"大魔头"，不管它以何种面目出现，充满勇气、自信和希望的人面对它，它都会不堪一击。

恐惧来源于虚弱的内心，我们之所以害怕做某件事情，是因为我们不具备做这件事情的能力。然而，我们越害怕什么，就越会遭遇什么，内心的虚弱成为恐惧的根源。当我们内心软弱、缺乏自信时，恐惧情绪就会悄无声息地压到我们头上。

恐惧与疾病有着紧密的联系。俗话说"病都是吓出来的"，有些疾病来源于各种形式的恐惧，或许疾病本不严重，却因为恐惧情绪而加重了。恐惧会破坏身体的免疫力，增加人体患病率和死亡率，所以身体虚弱和惶恐不安的人是最容易得病的。

我们应该掌握自己的命运，陷入恐惧情绪当中是解决不了任何问题的，需要面对的问题仍然要面对。因此，与其受制于恐惧，不如挑战恐惧。当我们挑战恐惧后，就会发现恐惧原来并没有那么可怕。

> **情绪管理**
>
> 　　世界上存在着让我们不幸和痛苦的外部力量，但同时也有一种强大的内在力量在指引和保护我们，帮助我们打败恐惧。我们要重视这种内心的力量，正视自己，挑战恐惧，坦然面对一切困难和挫折。

六　开发自我潜能，唤醒内心的巨人

　　人人都蕴含着丰富的潜能，只是有人发现了自己的潜能，并学会运用它，因此走上成功的道路；有人虽然有潜能，但没有开发出来，或者没有发挥好，最终碌碌无为，不断受挫。

　　世界是公平的，它更加青睐那些努力的人。努力的人，指能够以积极、乐观的态度应对困难，与困难做斗争，并坚持不懈的人。在积极情绪的引导下，努力的人似乎总会取得成功，获得命运的垂青。

　　除了努力，成功的人也善于发现并利用自己的潜能。人的潜能是一种内在的力量，能够唤醒心中的巨人，使我们重新认识自己，发掘前所未有的天资，从而不断超越自我，迈向成功之路。

　　约翰·费尔特为了让马歇尔更有出息，将他送到城市中，和自己的好朋友戴维斯学习经商。一段时间之后，父亲询问马歇尔的情况，没想到戴维斯给了费尔特一个非常沉重的打击。

　　"马歇尔生来就不是经商的料，即使留在我店里一千年，也做不成一个真正的商人！你最好还是带他回去吧！"

　　正是因为这句话，马歇尔的内心出现了变化，他决定自己出去闯一闯。

　　于是，他去了芝加哥，从店里的伙计做起，历经千辛万苦，在不断的努力中，他的潜力得到激发，最终在生活的磨难中找回自信，成为闻名于世的商人。

马歇尔总是带着感激之情谈起当年戴维斯对自己的刺激。正是戴维斯的刺激，激发了马歇尔的潜力，唤醒了他心中的巨人。

歌德曾经说过："没有人事先了解自己到底有多大的力量，直到他试过以后才知道。"马歇尔的故事证明了潜力的重要意义。

世界潜能开发大师安东尼·罗宾认为，大多数人都有非凡的潜力，只不过这种潜力一般都处于睡眠状态，一旦被唤醒，便能做出很多之前觉得不可能完成的事情。

人的能力就像一座矿，一般只被开发了10%左右，潜在的能源都被掩藏在最深处。那么，该如何挖掘心中的潜能呢？

（一）保持向上的信念

信念是追求目标的动力，如果人生没有信念，就像汽车没有发动机，无法前进一步。因此，我们在人生中必须保持积极向上的信念，坚定地朝着目标前进，创造自己想要的人生。

他从小就知道自己嘴很笨，别人三言两语能说清楚的事情，他却总是结结巴巴、比比画画地说上半天，引来众人的嘲笑。他的学习成绩一直不好，老师们对他也很失望，觉得他大概也就能勉强混到一张毕业证书。

他高中毕业以后一直找不到稳定的工作，由于不善言谈，不会和人打交道，他做的每一份工作都没有超过半年。在他19岁时，他开了一家餐厅，最后失败了；21岁时，他重整旗鼓，与朋友合资开了一个海鲜批发部，但由于经营不善赔得血本无归。

对他来说，这无疑是一段黑暗的日子，他觉得自己跌入人生谷底，每天消极颓废，甚至自暴自弃，产生了自杀的念头。不过，他没有那么做，在母亲的开导下，他再次站了起来，发愤图强，刻苦锻炼自己的语言能力。他尝试和身边的每个人交谈，节假日则会到郊外对着空无一人的旷野呼喊；他努力练习英语发音，用嘴叼着东西训练音调的精准。

后来，他到迈阿密的一家小电台当看门人。有一天，该电台一档节目的主持人突然患病，台长无奈之下，只好让他临时做代班主持。令人意想不到的是，主持节目时他的口才很好，节目气氛拿捏得非常轻松。

从此以后，他正式进入电视行业，成为一名真正的主持人。1985年，美国有线电视新闻网（Cable News Network，CNN）高薪聘请他担任节目主持人，结果他主持的现场直播节目迅速走红，成为CNN收视率最高的节目之一。2007年，他再次与CNN续约4年，年薪高达1400万美元。

这个人就是拉里·金！他所主持的"拉里·金现场"（Larry King Live）节目自开播以来持续热播数十年，创下了"世界上持续时间最长的晚间电视谈话节目"的吉尼斯世界纪录，而拉里·金成为颇具盛名的脱口秀节目主持人。

（二）用心做事

完成同样的一件事情，用心去做和不用心去做，得到的结果完全不同。不用心做事，效率就会下降，甚至出现错误，做事的过程中也觉得枯燥乏味；用心做事，就会斗志昂扬，提升效率，同时能够感受到做事的乐趣。

（三）保证身体健康

"身体是革命的本钱"，竞争压力再大，也不要以牺牲自己的身体健康为代价，这样得不偿失。如果人处于高度疲劳的状态，不要说挖掘潜能，就连做一件很普通的小事也可能会错误百出。

我们需要时间放空自己，掌握好休息与工作之间的平衡。当我们将身体和心灵有效释放后，之前想不通的问题很有可能就水到渠成地解决了。

（四）自我控制

优秀的人往往懂得控制自己的情绪，以做事为主，会把伤害大局的情绪搁置一边。学会控制情绪，不被情绪控制，潜能才有可能开发出来，如果过于情绪化，自然就没有精力去思考和奋进了。

情绪管理

每个人心中都有一个沉睡的巨人——潜能,只不过大多数人的潜能没有得到很好地开发利用。潜能一旦被开发出来,做事的积极性和效率就会得到极大的提升,从而更快地走向成功。

七 让积极成为一种习惯,做希望的自己

这个世界是复杂多变的,意外往往会毫无征兆地袭击我们,让我们遭遇各种不幸。虽然我们不能预测生命中的种种意外,也无法预知未来,但可以掌控自己的态度。

心态不同,即使看待同一件事物,情绪也会不一样。在沙漠中,悲观者看到剩下的最后半杯水,会伤感地说:"唉,只剩下半杯水了。"乐观者看到同样的最后半杯水,却在心里庆幸道:"真好,还有半杯水呢!"有了这半杯水,乐观者可能会找到水源,也可能会等到一场大雨。人的生命是有限的,但希望是无限的。只有拥有积极的心态,使其成为习惯,我们才能看到希望,积极行动起来,从而创造出一片天地。

积极的心态不仅对工作、健康和人际关系有利,甚至对人的一生都有利。拥有积极心态的人,即使身处逆境,也会发现其中的有利因素,从而找到解决问题的方法;即使工作环境十分恶劣,也会看到对自己有利的方面,付出终会有回报。

拥有积极的心态,一个人潜在的心灵力量就会被不断地挖掘出来,创造出令人瞩目的成就,并且在最恶劣的环境中也能保持乐观,为自己寻找出路。

既然我们左右不了这个世界,何不控制自己的心态?生活就是一面镜子,你笑它也笑。因此,我们要积极、乐观地面对生活,给它的笑容都是

给自己的馈赠。

俞敏洪参加三次高考才考进北京大学，但是他的普通话不标准，成为同学们的笑料。俞敏洪告诫自己："别人能说普通话，我也一定能说。"于是，在以后的四年里，他每天都苦练普通话。

其实，除了普通话，他的英语成绩也很差。尽管他考入北大，分数很高，但北大人才济济，他身边的同学都是智商极高的优等生，随便挑出一个都有可能是省市"高考状元"。

俞敏洪没有因为基础差而自暴自弃，而是发誓要追赶上同学们。他每一天都要比同学们多学习一两个小时，但大二时的成绩还是中下游。他又加大学习强度，结果得了肺结核，只好休学一年。不管他怎么努力，他在大四时仍然是全班最后几名。

俞敏洪并没有纠结于此，他一直以来都抱有积极的心态。他认为自己的聪明程度不如同学，但自己有一种坚韧的力量，肯不断努力，这也是一种能力。他相信自己凭借这种能力，总有一天会超越其他同学。"我决不放弃，我的同学们五年做成的事情，我可以做十年；他们十年做成的事情，我做二十年；他们二十年做成的事情，我做四十年。"

虽然与同学和老师的交流比较困难，但他想到了其他办法来让大家认识自己。比如，他帮全宿舍的人打开水，上课之前会把宿舍整理得十分干净。同学们通过这些细节达成共识："俞敏洪是一个不会让别人吃亏的人。"因此，当他创办新东方学校时，同学们放弃国外的事业，回到中国来支持他。

新东方学校获得了成功，俞敏洪积极的心态功不可没，否则俞敏洪在高考第一次失败以后可能就会放弃，那样便不会有现在的新东方了。

人在一生中总会遇到很多不如意的事情，要面对众多困难和挫折，不是不允许自己出现消极心态，而是不要让自己沉溺其中。当消极心态出现时，我们便会感知到需要改变的信号，这时应该用积极的心态战胜消极心态。

有了积极的心态，我们便能正视自己的弱点和缺点，也能发现自己的优势和优点，进而克服弱点，发挥优势，改变人生。

要想改变人生，首先要改变自己的心态。积极的心态不是与生俱来的，我们也不希望自己经常遇到挫折和困难，但与其有这样的奢望，不如学习如何培养积极的心态，让积极成为一种习惯，成为自己的一部分。

（一）按照心理画像积极行动

面对犹豫不决的事情，我们不妨先行动起来。一旦行动变得积极了，思维也就变得积极了，这样才会产生积极的心态。因此，我们可以给自己画一个心理画像，明确自己想要成为的样子，然后按照这个样子积极行动，努力使其成为现实。

（二）拥有成功者的信念

成功者之所以成功，是因为他们内心有必胜的信念，将自己看作成功者。当我们把自己看作成功者，与失败者有鲜明区分时，我们就已经走在成功的路上了。

（三）用自己的良好心态影响他人

每个人都不喜欢与牢骚满腹、愁眉苦脸的人在一起，所以那些浑身负能量的人一般没有很好的人际关系。假如我们身边有这样的人，不妨把自己的积极心态传递给他，使其学会以正确的态度看待问题。当我们用良好的心态影响他们时，他们就会有所受益，与我们相处也会更融洽，并且对我们有所感激。

（四）使周围人感觉到自己被需要

每个人都有被需要和被认可的心理需求，当这种心理需求得到满足时，就会产生积极心态，获得意想不到的成就。

我们不仅要拥有积极的心态，还要满足他人心中的需求，这样他们会以积极的态度回应我们，于是，共同具有良好心态的氛围就形成了，消极心态自然会无影无踪。

美国诗人爱默生曾说："人生最美丽的补偿之一，就是人们真诚地帮助别人之后，同时也帮助了自己。"这句话无疑道出了人生的真谛。

> **情绪管理**
>
> 生活不会一直一帆风顺，持有消极心态的人在遇到挫折和打击时会退缩不前，而拥有积极心态的人则会看清自己的缺点，发现自己的优点，扬长避短，不断坚持，从而创造辉煌。

八 做好自己，不要害怕被别人讨厌

著名心理学家阿德勒在其个体心理学著作《被讨厌的勇气》中说道："所谓的自由，就是被别人讨厌。"这句话看似有悖常理，其实意义深刻。

当我们特别害怕遭到他人讨厌的时候，我们就会竭尽全力、想方设法地去迎合每一个人。我们对每一个人都充满期待，希望他们能够喜欢我们。只要他们没有喜欢我们，或者没有按照我们预想的方式对待我们，我们就会觉得自己遇到了挫折，会反复思考改善人际关系的方法，时间长了就会心情抑郁。

其实，我们应该正视自己，接纳一个事实：无论我们做得多么好，总会有人不喜欢我们，觉得我们很不好，讨厌我们。世界上没有一个人是完美的。只有我们不再强求别人一定要喜欢我们时，我们才会活得洒脱，从而得到心灵上的自由。

肖秀燕最近心情抑郁，因为公司宿舍的室友不愿意帮助她，还总是一脸嫌弃，而她每一次在室友有困难的时候都会尽力相助。肖秀燕觉得这对她很不公平，一想到这些事情就气得浑身发抖。

连她自己也在困惑，为什么室友明明不帮助自己，可每当室友向她提出帮忙的请求时，她从来都不拒绝呢？她心里隐约觉得，如果自己拒绝别人，就会得罪人。

就这样，她被这种情绪压垮了，工作不在状态，在家人的建议下，她向心理咨询师寻求帮助。

心理咨询师听完肖秀燕的讲述后，结合她来到心理咨询室后的过度客气和礼貌，对她说："看来你是缺乏安全感，我问你，你是不是特别害怕被人讨厌？"

肖秀燕说："当然，我想成为一个受欢迎的人。我想让室友按照我对待她的方式对待我，我这种想法有错吗？"肖秀燕越说越急切。

心理咨询师说："这个想法本身没有错，但实际上很容易给人带来精神上的痛苦。我们可以善待他人，但我们没有办法强求他们都喜欢我们。因为前者是我们自己可以控制的，而后者是无法控制的。你如果过度执着于控制他人的想法，希望他们按照你的想法来对待你，只会给自己带来挫败感。"

经过心理疏导，肖秀燕终于认清了自己的问题，在以后的生活中，她终于敢于拒绝室友的请求，在处理人际关系时不再过于敏感。

正如有人说："你可以将马牵到水旁，但是你不能强迫马一定要喝水。"我们在鼓起"被人讨厌的勇气"时，不妨熟悉"课题分离"的概念。课题分离，指我们只保证完成自己的课题（即"把马牵到水旁"），而"马是否要喝水"则是马的课题，与我们无关，我们不要干涉。

在这个案例中，肖秀燕非常友好地对待室友，这说明她已经很好地完成了自己的课题，而对方选择如何对待她，则属于对方的课题。就算对方没有完成自己的课题，肖秀燕也没必要拿对方的错误来惩罚自己。

生活在这个世界上,做到不被任何人讨厌是一件几乎不可能的事情。假如一个人真的不被任何人讨厌,可能是这个人的生活圈子太狭小,活得太封闭,没有机会被别人讨厌,这无疑也是很可悲的。

> **情绪管理**
>
> 人无完人,不被任何人讨厌是一件几乎不可能的事情。我们没有必要为了讨他人的喜欢而过度客气和礼貌,这是束缚自由的枷锁,因为真正的自由是直面他人的讨厌。

九 做出足够多的主动努力,收获愉悦的心流体验

心流体验,指一个人全神贯注地沉浸在某种活动中时所产生的身心合一的感觉。这是一种忘我的境界。当然,这种美妙体验绝不是轻而易举就能获得的。

米哈里·契克森米哈赖认为,在目标明确,能够及时得到反馈,并且挑战与能力相当的情况下,人的注意力会凝聚起来,慢慢进入一种心无旁骛的状态。要想感受心流体验,"挑战与能力相当"这一点尤为关键。也就是说,只有当我们提高能力,具备挑战的可能时,才会产生心流体验。

很多在工作中度日如年的人,总会说一句"怎么还不下班?"而拥有心流体验的人则会在下班时说一句"怎么这么快就下班了?"在职场上,每个人都想拥有一份可以获得心流体验的工作,这样就可以沉浸其中,丝毫不觉得枯燥乏味,而且会觉得时间过得飞快。要想拥有心流体验,唯有付出努力、投入精力。

其实,不仅是在工作中如此,在休闲的时候我们也需要投入足够多的努力才可以获得心流体验。休闲活动分为两种,一种是产生心流体验的休闲活动,另一种是被动式休闲活动。被动式休闲活动包括躺在床上发呆、

窝在沙发里看电视、玩手机等，这种休闲活动很难带来心流体验，长时间下去会让人精神麻木和空虚，觉得生活没什么意义。

忙碌了一天之后，回到家的周轩躺在床上玩手机。过了一会儿，他突然想起昨天给自己定下的锻炼计划，今天晚上应该去体育馆打篮球的。

可是，一想到还要换上篮球服，急急忙忙前往体育馆，做各项热身活动，他本来坐起来的身体立刻又重重地摔到在床上。

就这样，周轩叫了外卖，一边吃晚饭，一边看短视频，最后在凌晨时才依依不舍地关掉手机屏幕，蒙头大睡，连着几天都是如此。这几天，周轩白天上班时脑袋发蒙，思维迟钝，身体也不舒服。

到现在周轩才知道，种种不适是由于他的懒惰造成的。于是，下班后他简单地吃了晚饭，克服了惰性，迅速换上篮球服，前往体育馆，做好热身运动，打篮球。在打篮球的过程中，周轩展示自己的球技，不仅锻炼了身体，还缓解了上班的压力，并获得了旁观者的赞美，收获了很多成就感。回到家以后，他洗了个澡，然后心情舒畅地睡了一个好觉，第二天精神焕发，工作效率提高了。

能够产生心流体验的休闲活动才是高质量的休闲活动，可以达到放松身心的目的。要想在休闲的过程中产生更多的心流体验，就要选择主动式休闲，这往往要付出更多的努力。

以读小说为例，读一本有趣的小说肯定要比漫无目的地玩手机更容易产生心流体验，不过这种心流体验并不是一翻开小说就能获得的。我们可能需要耐心地读完冗长的开篇，了解小说的背景和人物，然后才能沉浸到情节中。

人的本性害怕努力，逃避做困难的事情。不过，如果我们由着本性走下去，只会感到无尽空虚。因此，我们要时刻提醒自己，要想获得更高级的心流体验，不管是在工作中还是在休闲活动中，都要付出更多的努力。

> **情绪管理**
>
> 心流体验是一种十分美妙的感受，拥有这种体验的人注意力集中，心无旁骛，不管是在工作中还是在休闲活动中，都会感受到身心放松，收获无尽的愉悦。

十 挥洒热血，赢得不设限的人生

给自己设限，指尚未出现外界的限制条件，人们就已经给自己套上了枷锁，变得瞻前顾后，从而墨守成规，不敢突破，从此放慢了自己的成长脚步。

心理学家曾做过一个著名的跳蚤实验。在实验中，研究者把跳蚤放在敞口的玻璃杯中，跳蚤能够轻而易举地跳出来，随着不断加套玻璃环，提高杯壁高度，跳蚤仍能轻松跳出来。后来，研究者在玻璃杯上加了一个盖子，最开始的时候，跳蚤仍然坚持跳起来，但屡次碰壁。于是，跳蚤开始调整自己的跳高高度，不再碰触杯盖。当研究者把杯盖移开以后，跳蚤仍然按照之前的高度跳跃，再也跳不出玻璃杯。

跳蚤之所以再也跳不出来，是因为它适应了调整之后的高度，这个高度成为它的默认跳高高度，这就相当于我们在潜意识中给自己暗示，给自己设限，哪怕困难并不大，我们也往往会觉得过于艰难而不去解决它。

西方谚语"每个人心中都隐藏着一头雄狮"深刻揭示了人的潜能，只要我们愿意，是可以发挥自己的能力，为自己赢来不设限的人生的。人最大的敌人往往是畏首畏尾的自己，只有鼓足勇气突破自己，挑战自己，才能走得更远、更稳。

我们似乎习惯了"谦虚使人进步"的教诲，在生活中一直坚持谦逊低调，甚至有些时候自谦得过火。谦虚固然是美德，但过度谦虚通常会起反作用，使人无法进步。

比如，领导召开工作会，在会上询问大家对工作计划有何看法和建议。我们明明认真思考过，想到了更好的改进思路，但由于同事都不发言，便在心里犹豫："同事们都不说话，我一说话显得我爱出风头，万一说出来的建议不被领导认可，就太没面子了！"于是，我们也像同事那样闭口不言，领导只好摇摇头，很遗憾地宣布散会。

我们经常怀疑自己，不由自主地给自己设限。我们总是安慰自己："我的能力也就如此了，做成这样已经不错了。"时间一长，我们本来跃跃欲试的工作激情被磨没了，失去了突破自己的心气。

为什么我们总是这样小心谨慎？为什么我们如此看重旁人的眼光？别人说一些闲言碎语，对我们冷嘲热讽，又算得了什么呢？只有亲自努力过，亲自尝试过，才不会有遗憾。那么，具体来说我们应当如何做呢？

（一）确定目标

一个人的思想有多远，他就能走多远。人生能够到达的高度，往往取决于制定的目标。因此，我们若想过上不设限的人生，就要确定一个科学合理的目标。

只要我们不认为自己是一个庸庸碌碌的人，就要想方设法活得精彩和绚烂。我们必须勇敢地追求成功，而不是不断降低自己的标准。我们在制定目标时，一定要结合自己的优点和缺点，理性地规划前进的方向，并坚持到底，为目标不断奋斗，不被外物所扰。当然，我们也要根据情况变化适时调整目标的细节部分，但绝不是降低目标。

（二）认真思考

人的智慧和潜力是非常大的，但是要想激发潜能，必须付出足够的努力，进行不懈的思考。在广阔的思维空间里，很多事情并非只有一种可能，虽然有时我们感觉思维卡住了，似乎无路可走，但只要认真思考，细心观察，往往会获得"山重水复疑无路，柳暗花明又一村"的惊喜。

因此，不要因为失败就自暴自弃，不要因为困难就不敢迎头而上，要冲破思想上的藩篱，克服思维惰性，积极打破常规，寻找更好的对策。

（三）淡然面对逆境

由于害怕失败而导致错失机会的情况非常多。一个人如果害怕失败，就无法积极、乐观地面对未来，这很容易扼杀进步的欲望，使人懦弱和卑微。

因此，我们一定要正确面对逆境，淡然处之，不要以为在逆境中不可能获得成功。对于一个尝试突破、不断打破自身格局的人来说，世界上没有什么事情是不可能的，能与不能往往只在一念之间。

我们要做的就是时刻紧盯目标，突破艰难险阻，向其不断靠近，从而达到目的，掌控自己的命运和人生，成为自己想要成为的人。

情绪管理

相信自己能够做到，成功的希望就会更大一些，那些失败了就退而求其次的人则可能只会拥有"跳蚤"一样的人生。只要不给自己设限，坚定目标，全世界都会给我们让路，因为不设限的人生充满无限的期待与可能。

第五章

锋芒毕露只会伤到自己，稳定情绪扫去情感荆棘

"一个情绪不稳定的人，无论他多有能力，都不可能成功，因为'情绪是1，其他是0'。"确实是这样，控制情绪是一种基本能力，是一个人能否成功的重要前提。所以说，情绪稳定是一个人最好的教养。

一 遭遇别人频繁否定，别让自己难以释怀

张若岚毕业3年了，在一家货代公司从事行政工作，最近有件事情让她非常苦恼。

就在前几天，公司准备规范物料采购监管的基本流程，财务主管提出了建议，总经理也非常认同，然后让张若岚拟订方案，并准备实行。但是，在张若岚把拟订的方案交给总经理以后，总经理只是草草地看了一眼，便将方案丢了回来，并问她："如果将这套方案拿给那些没有参加会议的同事看，你确定他们能看懂吗？"

张若岚心里很不是滋味，但还是结合开会的内容，在初版的基础上做了修改。修改以后，确保其他人能够看懂，她又仔细阅读了这份草案，并增加了一些解释内容，然后发给总经理。

总经理看过之后，又把她叫到办公室，批评道："你修改之后的这版太复杂了，一会儿我把其他公司的方案发给你看看，你再草拟一份给我。"

于是，张若岚又开始修改方案。在总经理发过来的其他公司方案的基础上，她修改完成了第三版并发给总经理看。

然而，在接下来的公司集体会议上，总经理直接点名批评了她："这次张若岚表现不佳，拟订的方案整体不是很好，还需要修改。"

于是，会后她又根据会上的要求和实际情况对方案做了修改。但是，在反反复复的修改后，方案还是没有确定下来，这给张若岚造成了很大的心理打击。

张若岚自工作以来，一直都积极完成自己的任务，但这次总经理批评她并让她反反复复修改方案后，她的工作积极性大大下降，对总经理的态度也发生了微妙的变化。

其实这样的事情并不是个例，很多年轻人在初入职场时都曾经历过类似的情况。某招聘机构曾对职场新人的不安全议题进行了隐性的投票调查，结果发现：由于"工作中反复被否定"而出现不安全感的比例高达45.38%；由于"对未来的工资待遇不明确"出现不安全感的占比达到40.34%；由于"人际关系存在障碍，无法融入新团队""试用期和实习期的不确定性"的比例分别为34.45%和23.53%。

不难看出，在工作中被反复否定对就职人员的影响很大。当我们遇到这种情况的时候，应该怎样应对呢？

（一）接纳对方

在工作中遇到上级领导的否定，千万不要急着否定自己，也不要生闷气。我们应该接纳对方，正视对方的否定。我们可以告诉自己："其实领导并不是只针对我，这只是他的一贯作风而已，他对任何员工都是很严厉的。"

（二）接纳自己

一旦被否定，一定不要让自己的消极情绪打败积极情绪。虽然这次没有得到领导的认可，但是自己肯定有发光的地方。"金无足赤，人无完人。"虽然自己在这方面不能发光，但在其他方面仍旧可以施展自己的才华。我们应该保持自信，认定自己的价值由自己来定义，即使得不到领导的认可，自己的存在仍然是有价值的。

当然，要想十分自信地保持上面的看法，就应该锻炼一两项过硬的技能，避免看别人的脸色吃饭；或者具备一两项兴趣爱好，当自己心情不快时可以通过兴趣爱好转移注意力，释放不良情绪。

（三）提升自己

人之所以产生痛苦，往往是由于太执着于改变无法改变的事情。就像这个案例中的张若岚，她心里很难受，主要是由于她没有办法改变总经理对自己的态度，自己的不断努力都遭到了否定。很多时候我们没有办法改变别人的态度，但可以转变自己的态度。当我们的能力提升、变得强大以后，自信自然而然就会得到提升，其他人也会更加尊重我们，肯定我们。

（四）肯定他人

喜欢否定他人的人往往更希望得到别人的肯定。无论是被领导还是被同事否定，我们不要用否定来反击，而是要卸下身上的防御机制，学会发现他们的优点，肯定他们。

"互惠法则"表明：当你给别人一个恩惠时，对方会不由自主地偿还给你一个恩惠。因此，当我们尝试给予对方积极评价的时候，对方也会以同样的方式评价我们。

情绪管理

频繁地遭到否定，这其实是一种心理挫折。根据挫折—攻击理论，挫折会导致某种形式的攻击行为。攻击行为毫无疑问地会加剧对方对自己的否定。因此，我们要理智地控制情绪，转变观念，尽可能地提升自己，使自己变得更加强大，以此转变对方的立场和态度。

二 做一块磐石，在咆哮的洪水中岿然不动

蔡奇大学毕业后进入一家公司做行政人员。他的领导非常急躁，做事情风风火火，最主要的是嗓门超级大。蔡奇在他手下工作的这段时间，经常在其大吼大叫中奔走于各个部门。

蔡奇属于那种性格温和、逆来顺受的人。每次事情处理不到位，领导总是不分青红皂白地先训斥他一顿，导致蔡奇在回答领导问题的时候提心吊胆，生怕自己哪里说不对又是一顿批评。很多时候，领导在批评完之后

才发现，问题并不是出在蔡奇身上，而是自己弄错了。

有一天早上，领导要求蔡奇通知各大区的几个领导第二天开会。有的领导由于业务需要，临时外出，半小时后才能回来，蔡奇就决定下午再通知。但是，中午在食堂吃饭的时候，领导突然冲过来问："你通知××领导没有？"

蔡奇一时没有反应过来，说了一声："上午他不在，外出联系客户了，下午回来。"

领导气势汹汹地喊道："什么？我现在过来就是告诉你，现在马上去通知！"

周围的同事们也被吓蒙了，不知道发生了什么情况。有人在领导走后窃窃私语："不过是件小事，不至于因为这点儿小事在午餐的时候对人大吼大叫吧！"

蔡奇只能强忍着委屈和眼泪，对同事们说："我已经习惯了，每次都这样，不用担心，没什么大事。"本来在吃午餐，听到领导的训斥，他饭都没吃好，心情也跌入了谷底。

其实不只是蔡奇，我们每个人在工作过程中都可能遇到类似的事情。那么，面对领导的吼叫，我们应该以怎样的方式来更好地应对呢？

（一）保持镇定，确认对方的感受

当领导对我们吼叫的时候，我们一定不要乱了方寸。沉着、镇定才是理智的应对方式。领导吼叫是希望得到我们的回应，如果我们保持沉默是不合适的，如果我们直接还以大吼大叫，那么会使事情更加糟糕。

面对领导的大吼大叫，我们可以先复述令其生气的原因。在这个案例中，蔡奇应该镇定地告诉领导："您觉得我应该在上午通知××，但我没有按照您的要求通知，而选择下午通知，您认为是我的错，这让您感到非常生气，您的心情我非常理解。"

对方在发怒，而我们在回答问题时很镇定，可能会让对方吃惊，甚至产生一丝愧疚。因为对方处理问题的方式过于感性，而我们的回复方式充满理性，给人很有素养的感觉，这种状态有利于对方逐渐变得理性。

（二）客观解释，在解释中分析问题

赞同领导的想法可以适当缓解其怒气，接下来就是细致分析，到底是自己做错了，还是领导错怪了自己。如果自己是对的，要不卑不亢，和领导解释清楚问题的原委。

在这个案例中，蔡奇可以对领导说："您认为我没有及时通知到××，其实我已经通过企业QQ和电话通知过，但没有得到回复，后来我亲自到他们那里找过，他的助手说他外出谈业务。我知道他很快就会回来，所以选择下午通知。"

需要注意的是，解释时我们最好不要带有任何感情色彩，只是充分、客观地讲述。当领导全面了解详细状况以后，发现蔡奇并没有忽视这项工作，也在通过一些方式来解决问题，心中的怒火自然会消散。

但是，解释要注意场合，最好不要选择当众直接否定自己的领导，这样会让其感觉没有面子，以为自己的权威受到了挑衅，要选择合适的机会私下向领导解释清楚。

（三）知错就改，善莫大焉

如果真的是自己的错，即使领导情绪激动，也应该马上承认自己的错误，并保证今后不会再犯同样的错误。"人非圣贤，孰能无过。知错能改，善莫大焉。"承认错误的时候态度要诚恳但不要过于卑微，要保持冷静和理智。

犯错以后与领导的沟通中最关键的是态度，只要能够认错并不挑战领导的权威，必要的时候找到合适的解决方法，领导的怒气自然会随之淡去，接下来的事情也会变得相对简单。

> **情绪管理**
>
> 当领导对我们吼叫时,我们要做到不卑不亢,敢于采用合适的方式维护自己。一定要摒弃"要么忍,要么滚"的错误职场价值观,不然越来越多的不公平会找上门来。时间一久,自己的身上就会充满负能量。

三 愤怒不已,先别急着对别人发脾气

生活中的诸多问题都可能使我们产生愤怒的情绪,这种情绪会冲击我们的心理。如果我们控制不好,将情绪的猛兽放出来,后果可能不堪设想。

曾经有人开玩笑地说过:"愤怒是一种能量,如果可以转变成电能,那么地球将变成不夜球。"愤怒时,大多数人会有两种选择,要么压抑,要么发泄。

压抑和发泄都是相对的。暂时的压抑可以让我们的理智在线,长期的压抑则可能导致抑郁症。发泄的确可以舒缓情绪,但也可能会造成诸多的不良后果。

有位心理学家曾经说过:"我们从愤怒中带来的每一个打击,最终必然落到自己身上。"愤怒不已时,先不要急着发脾气,发怒会影响一个人的正常思维,使人难以理智地解决问题。

化解愤怒的主要方式有责备自己,指责他人,体会自己的需求,以及理解他人的需求等。前两种方式或者会伤害自己,或者会伤害别人,效果都不理想,后两种方式则是相对有效的处理愤怒情绪的方法。

(一)体会自己的需求

愤怒的核心问题是自身需求得不到满足。当我们发怒的时候,如果一味苛责他人,抓住他人的错误不放,只会越来越生气。

如果我们正视自己发怒的原因,及时了解自己的需求,或许事情会变得简单。在自我反思和探寻中,将注意力放在自己身上,怒意会逐渐消

散，心情也会由阴转晴。

比如，同样的一句话，有人听完没有太多的感受，有人听到之后会勃然大怒。对于那些容易发怒的人来说，其真正发怒的原因可能并非那句话，而是他们认为自己没有获得应有的尊重。如果他们深入内心探究自己如此敏感的原因，就不会再为一句不愿意听的话而暴跳如雷了。

（二）体会他人的需求

"姐，赶快劝我几句，不然我肯定要冲主管发火了！主管真是太欺负人了，他总是照顾新来的那个员工，对我却百般挑剔，这真是太不公平了！今天他又对我的工作挑毛病，冲我发脾气，我准备和他吵一架，实在不行就不干了！"

当刘静听到弟弟的抱怨时，马上劝道："你先别激动，最好做一个深呼吸，冷静冷静再和我说。"

接下来，刘静问了弟弟几个问题。首先，她问："你觉得主管对你百般挑剔，是因为什么呢？"

弟弟想了一会儿，回答道："他刚当上主管，可能是新官上任三把火，想赶快把工作做好吧。他肯定是急着交差，所以才压迫我们基层员工。"

"你是否觉得自己的工作也存在一些问题，所以才让他有了找碴儿的理由呢？"

弟弟又答道："我的工作的确做得不太好，但我就是看不惯他！"

刘静复述了一遍弟弟说出的原因："也就是说，你的主管向你发脾气可能是因为工作上的事情对你不满。还有另一个可能，他害怕自己新上任，工作不到位，无法给上级领导留下好印象，所以遇到事情就向你发脾气。"

刘静引导弟弟去体会主管的感受，弟弟不再像之前那样认为主管是无缘无故故意针对他了，慢慢地也就不再生气了。

"姐，你不愧是学过心理学的，你这么一说，我的心情好多了。看来我现在还是要把手头的工作先处理好，以后找时间和主管单独谈谈心。"

当对方向我们发怒时，其潜在的意思可能是："求求你，关注我一下吧！"其实，那些愤怒的人一定有某些需求未得到满足。当我们体会到对方的需求时，可能会发现这个责骂我们的人原来也十分不幸，是个可怜人。当我们看到对方如此脆弱的一面后，就会不由自主地产生同情，自然就不会感到那么愤怒了。

> **情绪管理**
>
> 当我们产生愤怒情绪时，既不能强压心头的怒火，也不能任其发泄，而应该合理地表达愤怒情绪，通过积极的方式来宣泄情绪。理解自己，发现自己未满足的需求，或者体会他人的感受和需要，这些都是疏散愤怒情绪的有效方式。

四、自我袒露，一个良好的情绪宣泄过程

自我袒露，指真诚地向他人分享与自己有关的重要信息的过程，并且这些信息往往是非常私密的。自我袒露在人际沟通中非常重要，可以为当事人带来很多好处。

适当的自我袒露能够拉近人与人之间的关系。因为人们在自我袒露时表现出的是自己真实的一面，不虚伪，不做作，哪怕是自己的脆弱也不隐瞒。这样的表达方式可以让一方感觉到另一方的诚意，有利于拉近双方的心理距离。根据心理学的互惠法则，一方的自我袒露行为也会引发另一方的自我袒露，两人就会相互坦诚，形成人际关系的良性循环，使彼此的关系更加紧密。

心理咨询中存在这样一种说法："说出来，就好了。"这种说法表明了情绪表达的重要性。其实适当地自我袒露也是一种情绪宣泄的过程，说完之后会有一种"一吐为快"的爽快感，不良情绪会慢慢消散。

当然，自我袒露必须适度，因为并非任何自我袒露都会带来积极的结果，只有把握好"度"，自我袒露才是值得推崇的沟通艺术。也就是说，自我袒露是有风险的。比如，一名男子对他的女朋友这样说："亲爱的，你以后不要整天黏着我，这样会让我透不过气来，我一点儿自由空间都没有了，我觉得这样的生活一点儿意思都没有。"他的自我袒露会让女朋友非常生气，不利于两人的感情发展。

那么，怎样才能做到适当地自我袒露呢？自我袒露应该遵循以下三个原则。

（一）对象选择：这个人能够理解我的心情吗

当选择袒露对象的时候，我们要尽量选择交情比较深，对自己有同理心的人。如果袒露对象选择不正确，自我袒露可能会带来二次伤害。自我袒露之前，要先了解对方的心情，看对方是否有意愿与自己共同面对，是否愿意倾听自己的倾诉。

（二）袒露方式：自我袒露的方式和量合理吗

"逢人只说三分话，不可全抛一片心。"在自我袒露时，方式和量的确定十分重要。一般来说，最好选择一个相对私人的场所进行自我袒露，并且视情况不同决定自我袒露的量，避免因为自己袒露过多而成为他人眼中的"祥林嫂"，惹其厌烦。

（三）袒露风险：袒露的内容会不会对自己有不良影响

在袒露自己的过程中还需要关注风险，尤其是袒露对象是自己的同事。如果将自己的感情生活、工作阅历等袒露出来，很可能会由于竞争关系而带来风险，阻碍自己前行的脚步。

> **情绪管理**
>
> 在人际沟通中，自我袒露是很有效的沟通手段。适当地自我袒露可以拉近人与人之间的联系，有助不良情绪的宣泄。自我袒露也要把握好度，结合对象选择、袒露方式和袒露风险分析，防止自我袒露时伤害彼此的关系。

五　对人生气，是拿别人的错误惩罚自己

德国哲学家康德曾说过："生气是拿别人的错误惩罚自己。"这句话看似简单，却很有哲理。

有个年轻人平时工作十分努力，他的土地在不断增多，房子也越来越大。但不管土地和房子有多大，他每一次和其他人争吵之后，就会绕着自己的房子和土地转上三圈。

所有认识他的人都非常疑惑，但不管别人怎样询问，年轻人都没有说出原因。多年之后，他变老了，但他生气的时候，仍然会艰难地绕着自己的房子和土地转上三圈。

他的孙子问："爷爷，您年纪大了，这附近再也没有任何人的土地比您更多，您不能再像以前一样一生气就绕着房子和土地转啊！您能不能告诉我这是为什么呢？绕着房子和土地走一圈，有什么特殊的作用吗？"

老人禁不住孙子的恳求，终于说出了自己的秘密："年轻时，我只要和人吵架生气，就会绕着房子和土地跑三圈。我当时一边跑一边想，自己的房子这么小，土地这么少，干吗要浪费自己的时间和精力对别人生气？我哪有资格对别人生气？这么一想，我的气就消了，就能把更多的时间用在工作上了。"

孙子又问:"爷爷,那现在您的房子和土地都是最多的了,而且您是全村子最富有的人了,为什么您还要围着房子和土地走呢?"

老人微笑着答道:"我虽然老了,但我也会生气呀。生气的时候我绕着房子走三圈,就会发现自己房子这么多,土地这么大,没有必要和其他人一般计较了。想到这里,也就不再生气了。"

越是睿智的人,越不会被情绪控制,而是能掌控好自己的情绪,将生气转化为前进的动力。案例中的这位老人豁达、大度,看得开、放得下,于是成就了他自己。

当自己生气时,不妨先冷静下来,以平静的态度对待自己的情绪。当想开后就会发现,本来因为生气而变得复杂的事情,也因为自己情绪的转变而变得简单。

其他人的过错应该由他们自己承担,而不是让我们来承担。生气不是解决问题的方法,处理不好反而会让事情更不顺利。

对待别人的过错,我们要尽量宽容,多看别人的长处,少关注其缺点。如果能够找到合适的时机,还可以对其进行善意的提醒。

不生气固然是一种美德,但是不生气并不是要求我们没有脾气。当尊严遭到践踏时,我们就不能一味地忍让了。任何人都会有脾气,但我们要具备控制怒火的能力,不能因为一点儿鸡毛蒜皮的小事就丢掉愉悦的心情,扰乱自己的生活步调,损害自己的身心健康。

情绪管理

常言道:"气大伤身。"因此,遇到问题的时候我们不要生气。生气是拿别人的错误惩罚自己。理性面对,学会宽容与理解他人,可以在舒缓我们心情的同时纠正他人的错误,两全其美,何乐而不为?

六 难得糊涂，不计较才是大智慧

难得糊涂是一种人生智慧。

徐晨曦是某企业的一位会计师，长期从事和数字有关的工作。她对数字非常敏感，在生活中也是如此。上班时，她会计算走哪条路比较节省时间；想要喝粥，会计算去哪一家粥铺最省钱；购物的时候，会反复对比同类商品的价格，盘算怎样使用优惠券更加合适……

即使非常小的事情她也会算计很久。通过算计，徐晨曦节省下不少时间和金钱，但与此同时，身边的同事却因为她的斤斤计较开始疏远她。

直到有一天，徐晨曦躺在病床上，忍着病痛还在和医生探讨最省钱的治疗方案。医生和她争论之后终于忍无可忍了，气愤地说："试想你连命都没有了，还想那么多干什么？"

一语惊醒梦中人，徐晨曦终于认识到自己的问题：她总以为自己是最聪明的人，做出所有决定的时候都精打细算，以免由于糊涂而犯错误。由于长期纠结一些细小的事情，劳心费神，最后却病倒了。这样的结果让她十分后悔。

徐晨曦出现这样的情况，归根到底就是她活得太明白，过于算计，害怕吃亏。殊不知，她在算计的过程中损失的并不少。

有心理学家汇总了一些临床病例，发现90%以上的人会由于自己的精打细算而患有不同程度的心理疾病，出现心率快、睡眠不好、消化功能偏差等症状。与此同时，这些人在生活中的人际关系也比较差，幸福感不高。

人生在世，需要的是难得糊涂。难得糊涂并非是放纵不管，而是要求我们在多变的事态中看淡利益，不争不抢，在"糊涂"中成就自己。

郑板桥曾经说过："聪明难，糊涂难，由聪明转入糊涂更难。放一着，退一步，当下心安，非图后来福报也。"

想要达到大智若愚、难得糊涂的状态并不容易。但是，我们可以在日常不断调整，适当地引导自己，让自己朝着此目标迈进。

（一）守拙

抱朴守拙是比较高的做人境界。心里明白，表面糊涂。这样的人一般平易近人，看透不说透，容易受到欢迎。同时，掩盖自己的锋芒还可以更好地保护自己。

（二）隐忍

真正的能人是懂得进退的人。人的一生不可能永远一帆风顺，得意、失意都是经历。在失意的时候积蓄力量，这种隐忍可以让我们以退为进，继而获得成功。

（三）修身

难得糊涂的人大多拥有达观、知足的心态，可以看淡一切。因此，宠辱不惊、从容也是一种人生智慧。在日常生活中，我们要怀有平常心，面对不愉快的事情要淡然处之。

情绪管理

著名经济学家马寅初先生说过："苟无他故，必活百年。"人生本来就是糊涂的，在聪明绝顶中糊涂一点儿，将目光放远，将得失看淡，终将在大智若愚中收获成功的果实。

七　放下攀比的心，满意现在的生活

王冬玲在一家广告公司做企划，月收入并不高。她性格爽朗，这一点挺招人喜欢，但她最大的缺点是喜欢攀比。只要同事购买了一款名牌包，她就要花钱买一款更好的；同事家里刚添置了一辆新车，她就想方设法借钱买一辆更好的车……

由于攀比，王冬玲经常经济拮据，但如果不买，心里总是很难受。为了方便自己消费，她办了三张信用卡。一张用来在网上购买商品，一张用来在商场购物，一张用来娱乐、用餐。但还款时，她总是拆了东墙补西墙。对此她并不在意，当有人给她提建议时，她为自己辩解："能用好信用卡也是一种本事！"

王冬玲的老公见她太爱攀比，于是直言相劝："咱们过好自己的生活就行了，没必要和别人攀比。"

王冬玲听完老公的劝告，不仅没有意识到自己的错误，还对老公抱怨道："我真后悔嫁给你这个穷光蛋，当初真是瞎眼了。我的同事刘倩的老公一天挣得都比你一个月挣得多，你一点儿上进心都没有，整天读那些没用的书！"

王冬玲的老公听了这话，气不打一处来，两人之间爆发了激烈的争吵，双方的感情也产生了裂隙。

人都有爱慕虚荣的心理，总是渴望得到他人的认可。在这样的社会环境中，我们变得越来越累。

因为攀比，感到自己不如别人，人们就会不停地抱怨，进而导致生活变得一团糟。攀比是一种十分不健康的心理，容易使人陷入无休止的计较心态，在工作和生活中争强好胜，一直想要出人头地，害怕自己落于人后。时间一长，人就会出现心理失衡，这是不利于身心健康的。

与攀比心理紧密相连的是不满足心理。如果我们总是没有原则、无节制地与他人比较安逸、富有、阔气等，相形见绌之下自然会产生不满足心理，导致心理失衡。

其实，每个人都是独一无二的，都有令人羡慕的特质，同时又具备这样那样的缺憾。每个人都不是完美无缺的，重要的是自己的内心感受。学会做一个心态平和的人，充分认识自己，接受自己的一切，懂得知足，这样才不会让攀比心理成为伤害自己的利剑。

假如我们现在正在被攀比心理折磨得心力交瘁，可以按照以下方法调节自己的情绪。

（一）减少自己的欲望

俗话说"人心不足蛇吞象"，喜欢攀比的人，身上背负的欲望包袱非常沉重。每个人都会有欲望，这本无可厚非，但如果任欲望横行，没有节制，放纵自己的贪欲，自己就会变成欲望的傀儡，永远不知满足，就算拥有再多的东西也不会感到快乐。

（二）掌握正确的比较方式

攀比就是盲目比较。俗话说"人比人，气死人"，喜欢攀比的人，通常情况下只看到别人拥有的，却忽视自己已经拥有的，其实自己拥有的才是最值得珍惜的。

比如，同事升职加薪了，我们没有，但我们拥有幸福美满的家庭，有一个可爱、健康的宝宝，而同事没有这些，那我们还有什么不满足的呢？升职加薪固然是自己追求的，但幸福、美满的生活同样值得珍惜。

（三）建立新的目标

因为攀比，我们的生活节奏完全被打乱，既定的目标可能早已忘记。这时，不妨建立一个新目标，寻找一个新的方向。当我们确立新目标时，就有了前进的动力，就会增强行动的信念。

事事攀比，容易裹足不前，不如放下攀比心，专心走自己的路，让自己变得更加强大，收获更多的满足。

> **情绪管理**
>
> 在攀比的过程中，发现自己处处不如别人，会变得没有主见，迷失自我，不仅浪费时间和精力，而且影响发展和身心健康。因此，我们要对攀比心说"不"，专注提升自己的能力，珍惜所拥有的，懂得知足常乐。

八 冲动是魔鬼，是永远吃不完的"后悔药"

人们常说"冲动是魔鬼"，很多人在情绪冲动时做出了令自己后悔不已的事情，甚至为此付出惨重的代价。

近年来，美国心理学界开展了"情绪管理"研究。研究结果表明，能够很好地控制情绪是工作必备的一项基本技能，特别是在管理和服务行业。在中国这样一个讲究"君子之交"的社会中，我们更要懂得自我调节，控制冲动的情绪，与他人保持友好的关系。学会管理和控制自己的情绪，不仅是一个人成熟的标志，也是职场上获得成功的基础。

盛琳是一家公司副总经理的秘书，穿着时尚，性格外向直爽。她对工作比较细心，但是她有一个很大的弱点——容易情绪冲动。

有一次，她协助领导处理客户的一桩投诉时，由于一时冲动，说了不该说的话："我都和你说了多少遍了，我们公司会根据你的实际情况采取赔偿措施的，你提的要求也太无理了吧？"

说完以后她就气愤地挂掉了电话，没想到当天下午投诉的客户就来到公司向总经理投诉盛琳。

其他同事看在眼里，私底下对此议论纷纷："盛琳平时说话就不过大脑，也不会看人脸色。这下可好，得罪客户了吧？"

不可否认，冲动是个人情绪的重要组成部分，也是情绪中不可或缺的一种能量。如果没有冲动，激情在很大程度上也会消失。虽然冲动有正向的一面，但在大多数情况下，它会造成我们的情绪朝着负面方向发展。

因此，如何控制冲动的情绪，使其"魔鬼"的一面被挡在门内，只让积极的一面显示出来，值得我们思考与探索。

（一）调动理智控制冲动情绪

当我们遇到比较强烈的刺激时，应当在情绪爆发之前强迫自己冷静下来，分析事情的来龙去脉，理清自己的思路，再表达自己的情绪，这样就不会让自己陷入鲁莽行事、轻率冲动的被动局面。

比如，当他人无聊地嘲讽我们时，如果我们暴跳如雷，迅速反击，双方就可能争执不下，而自己的怒火会越来越旺，最后可能爆发更大的冲突。如果我们能冷静下来，理智应对，则可能会获得比较好的结果。例如，我们可以用沉默作为武器，对他人的嘲讽不予理会以示抗议；也可以简单地正面地表达自己受到了伤害，客观地指出对方的无聊之举。

（二）暗示，转移注意力

当我们发现自己情绪激动、难以抑制时，可以及时暗示自己，转移自己的注意力，使自己放松下来。比如，在内心鼓励暗示自己"不要做冲动的牺牲品""过一会儿再应对这件事""这件事没什么大不了的"，或者使自己投入比较简单、轻松的活动中，寻找安静、平和的环境，使自己的情绪趋于平和。

（三）抑制冲动需要时间

时间是一剂良药，对抑制冲动也有效果。其实，人的冲动情绪不会持续太久，如果能及时转移，就不会变得更加强烈。

现代生理学研究发现，当人遇到令人不满、恼怒和伤心的事情时，这些不愉快的信息就会迅速传入大脑，形成神经系统的暂时性联系，并且形成一个不愉快的优势中心，此时人想得越多就越烦恼。假如我们马上转移注意力，想一些高兴的事情，向大脑传输一些积极的信息，建立愉快的优势中心，就能有效抵御与减轻不良情绪。

> **情绪管理**
>
> 冲动是魔鬼，不稳定的情绪害己害人。控制情绪是一个人最基本的修养，要学会收敛自己的脾气，时刻谨记：一个人能不能成就大事业，看他的脾气大小就可以了，脾气越大，成功的概率就越小。

九　凡事别钻牛角尖儿，执着不等于偏执

执着是一种难能可贵的品质，指对待某些事物或目标坚定不移。偏执是偏激固执，过于侧重某个方面的坚持。

我们可以坚持做自己，但如果沉沦在不切实际的愿望中，不知道变通，就可能陷入偏执的深渊，离成功越来越远，甚至引发更为严重的后果。

成功之路蜿蜒曲折，要想获得胜利，绝不能一蹴而就，必然要具备一往无前的执着和不怕失败的勇气。

假如我们做事只有三分钟热度，"三天打鱼，两天晒网"，就永远无法获得真正的成功。但同时也应该看到，理想与现实是有距离的。理想是完美无瑕的，而现实可能会存在诸多困难。事物一直在发展变化，当我们确定了一个长期目标后，很有可能无法完整地将其实现，所以要学会根据实际情况的变化做出调整，只有具备这样的思维，才能走向成功。

我们应执着于自己设定的目标，但不能落入偏执的陷阱，要明白执着与偏执有着本质的不同。

我们仔细调查、做足准备、下定决心创立一项艰难的事业，我们顶着

周围人的不解和质疑，屡败屡战，向着目标不断冲锋，这就是执着；但我们发现自己并不善于做某方面的事情时仍然勉强维持，在这上面纠结，就成了偏执。

遇到喜欢的人时，我们大胆追求、锲而不舍，向其吐露真心，这是执着；但我们发现爱情无法开花结果，仍然难以割舍，纠缠不休，就成了偏执。

我们在一项复杂的工作上倾注心血，废寝忘食，不惧失败，迎难而上，尽全力做到完美与极致，这是执着；但我们发现尚未做好准备，工作一时无法完成时，仍然不及时停止，贪功冒进，这就成了偏执。

我们对人生有很多美好的憧憬，我们不仅要学会专心做好每一件事，更要放下偏执，以退为进，根据现实情况做出调整，这样才能善识时务，顾全实际，而不会成为墨守成规、"不撞南墙不回头"的蠢人。人类之所以能够成为万物之灵长，就是因为我们知道如何适应环境，改变自己。

> **情绪管理**
>
> 我们不要钻牛角尖儿，而要多体会生活中的美好，在执着的基础上，以实际情况为依据，对目标做出调整，否则就会变得狭隘和偏执，很难拥有轻松、美好的心情。

十 建立心锚，给自己改变负面情绪的力量

生活中，我们会因为一首歌、一件物品、一个场景或者一个动作，不由自主地联想到某件事情或者某个人，从而产生一种特殊的情绪状态，这就是"触景生情"，心理学将这种诱因和反应的连接称为"心锚"。

事实上，人们每天都受到各种各样的心锚影响。例如，小孩子看到医生就感到害怕；一吃零食就感到快乐；一听到轻快的歌曲就觉得放松，可以说心锚无处不在。引起积极情绪（如幸福、高兴等）的心锚称为"正心

锚",引起消极情绪(如难过、悲伤等)的心锚称为"负心锚"。

心锚的运作是一种条件反射,可以改变人的内心状态。关于条件反射,生理学家、心理学家巴普洛夫曾经做过这样一个实验:他每次摇铃的同时给狗最爱吃的食物,狗看到喜欢的食物,开始分泌唾液。将这一过程重复数次之后,即使他没有给狗送上食物,狗听到铃声也会自动分泌唾液。这是因为狗的大脑内形成了一条连接铃声与食物的神经通道,形成了条件反射。

心锚可以表示一个事物或现象与某种情绪或状态之间的连接,它对我们来说就像是一个情绪的"按钮",在某些特殊情况下,开关便会打开,释放出一种特殊的情绪。我们可以通过建立心锚来连接积极情绪,并将其移植到需要的情境中。

心锚一经建立,我们便拥有十分稳定的体验,在任何时刻都可以得到它的力量。在尚未意识到心锚的存在时,很多人不知不觉地被过去的心锚所左右,尤其是一些"负心锚",让我们的生活沉浸在负面情绪之中。事实上,我们完全可以主动改变这些"负心锚",重新设定"正心锚"。

设定"正心锚"的方法如下所述。

(一)确定自己想要的状态

要想变得更好,我们需要积极的心理状态,如自信、兴奋、愉快、镇定等,选择一个想要的心理状态,为其建立心锚。

(二)融入情境,点燃情绪

回想过往的一段经历,假如要建立自信的心锚,就要在记忆中寻找自信的经历。例如,在考试中获得高分而充满自信;被老师表扬,内心极度兴奋,觉得自己非常棒;曾经通过努力获得一份来之不易的荣誉,那一刻，自己十分有成就感。

闭上眼睛努力回想，尽量丰富当时的细节，如听觉、触觉、视觉、嗅觉等，就好像自己回到了当时的场景，情绪再次被点燃。

（三）建立心锚

这时我们已经唤起了情绪，在情绪发展到最强烈时，施加诱因。诱因可以是动作、声音、味道等，但最好是动作，如左手紧紧握拳，握拳的动作就是诱因，可以与自信的情绪状态建立神经连接。

值得注意的是，诱因一定要特别，要能让大脑立刻辨别出诱因。如果我们平时就经常握拳，用握拳做诱因，大脑会认为这只是一次平常的握拳，也就无法使之与自信的情绪状态建立神经连接。

另外，诱因必须准确，每次施加诱因时，位置、角度、力量要相同。例如，我们用摸耳朵作为诱因，当下次再摸耳朵时，要在相同的位置，用相同的力度才行。

（四）重复动作

当强烈的情绪状态逐渐退去时，我们要立刻释放心锚，例如松开手，这样可以让握拳这一动作与强烈的情绪状态相对应。如果强烈的情绪状态退去以后仍不松开手，握拳的动作就会连接到平和的心态，扰乱心锚的效果。

要想有效建立心锚，特定的诱因与想要的情绪状态要重复连接4~6次，在重复之前，我们要先将注意力转向其他地方，使心绪平静下来，然后重复进行。

生活就像一部照相机，我们给它什么样的记忆，以后就会看到怎样的心情。

情绪管理

心锚作为心理学上的一项重要发现，逐渐成为改变情绪和观念的重要工具。心锚的重要作用在于，它用设定的动作唤起良好的情绪，可以潜移默化地让心境从狭隘走向开阔。

第六章

让压力变动力，站在成功的跳板上逆境重生

现在的社会竞争激烈，优胜劣汰，每个人都有压力，甚至压力是如影随形的。压力常有，但动力不常有。其实压力有时也可以转化为动力。碌碌无为者往往把压力当成负担，有所作为者则懂得将压力化为有效的动力。

一 正视压力，不让压力成为压垮情绪的稻草

只要一提起"压力"这个词，大多数人的脑海里会浮现"焦虑""紧张不安"，认为压力是有害的，会损害身体健康，破坏美好的生活，剥夺我们的活力，不利于个人成长……总之，压力总是与消极因素联结在一起，导致人们认为它是非常不好的东西。

"压力有害论"促使人们想方设法地逃避压力，尽量拖延解决那些带来压力的事情。比如，拖到截止日期之前才开始做那些麻烦的工作；不善于交往，逃避与陌生人交流；一旦事情特别有挑战性，就害怕失败，推脱不做……

然而，根据心理学"压力繁殖"理论，我们逃避压力不仅不会减轻自身的压力，反而自己会被压力压得喘不过气来。

在人的成长过程中，个体在每个阶段都要应付新的要求，这样就会产生压力，压力是无处不在的，也是能支撑我们成长的。如果我们能够理性地对待压力，压力将成为促进我们成长的重要动力。

1954年，心理学家贝克斯顿、赫伦、斯科特曾经做过一个感觉剥夺试验：他们利用丰厚报酬募集了一些大学生，在告诉他们自主决定何时退出试验之后开始试验。被试者除了吃饭和上卫生间外，严格控制感觉输入。例如，给被试者戴上半透明的塑料眼罩，可以透进散射光，但没有图形视觉；给被试者戴上纸板做的套袖和棉手套，限制他们的触觉；头部枕在用U形泡沫橡胶做的枕头上，同时用空气调节器的单调嗡嗡声限制他们的听觉……

在试验开始之前，大多数人认为自己可以在参加试验的过程中思考自己的论文或课程计划，但他们后来反映，在参与试验的过程中，自己不能清晰地思考，哪怕是短时间的注意力集中，思维都在不断地乱跳。

试验结果发现，大多数人在24小时到36小时之内就要求退出，没有人能够坚持72小时以上。

研究人员认为，维持大脑觉醒状态的中枢结构——网状结构需要得到外界的刺激，以便保持一个激活的状态。当外界刺激停止，大脑就开始自己刺激自己。可见，生命活动需要维持一定的外界刺激。

人在成长过程中，需要不断地适应环境压力，接受周围的刺激，在压力中不断成长。压力可以充分发掘人们身上的潜力，使人们变得更加强大。所以说，怎样对待压力关系到我们是否能够走向成功。

经常会有人把压力放在嘴边，有人说自己业绩不好，有人说自己的工作烦琐，经常加班，其实这些压力都可以转变为成长的动力，让我们远离安逸，走出被淘汰的命运。

只有正视压力，了解压力对我们的益处，才会拥抱压力。在与压力相伴的人生中，我们必将越来越强大。正如当代教育家魏书生所言："人的能力强都是工作多逼出来的，人的铁肩膀都是担子重压出来的。工作挑轻的，力气是省了，但增长力气的机会也就错过了。"

情绪管理

生活中处处有压力的身影，如果我们感到压力过大，不妨转变思维，不要将压力的负面作用过度放大，而要思考战胜压力、把压力化为动力的方法，从而冷静地化解困境，平和自己的心态。

二 把模糊的压力清晰化为目标,逐步分解它

肖璇是一名自媒体作者,每天都坚持在微信公众平台上更新文章,渐渐地,她的粉丝越来越多,这让她非常高兴。可是,由于每天事情太多,时间一长,她开始感觉心乱如麻。

在大部分时间里,肖璇都能很好地克制心底逃避的欲望,但在某一天晚上,面对巨大的压力,她选择了逃避。

她没有坐在电脑前写作,而是掏出手机,打开短视频App,漫无目的地刷了两个小时的短视频。在这两个小时里,尽管她看了很多有趣的短视频,笑声不断,但心底总有一种焦虑感。

此时,她才意识到自己的自控力是如此之弱。前几天她还在文章中指导别人如何利用时间、如何提高自控力,这真是一个巨大的讽刺。

压力和任务之间存在着非常微妙的关系,如果任由自己放纵,任务不能完成,压力也不会减少,反而会越来越大。那么,应当如何平衡压力和任务的关系呢?其实,运用目标管理法,将压力变成清晰的目标,然后逐步分解目标是一种比较有效的方式。

哈佛大学曾经有一个关于人生25年的跟踪调查,调查结果发现:27%的被调查者没有目标;60%的被调查者目标模糊;10%的被调查者有清晰但比较短期的目标;只有3%的被调查者有清晰且长期的目标。

跟踪调查的研究结果表明,那3%的被调查者在25年间几乎没有改变过自己的目标,他们几乎都成为社会各界的顶尖成功人士。

10%有清晰短期目标的被调查者,大都生活在社会的中上层,他们生活稳定,成为各行各业不可或缺的专业人士。

由此,不难看出,目标的确定和对目标的坚持会影响一个人的人生。试想,25年都坚持追求目标并取得成功的人,他们没有压力吗?当然不

是，他们只是将大目标分解成小目标，然后在压力的推动下成功地完成了一个个小目标，最终实现大目标。

那么，究竟怎样设置目标才有助于我们减少事情一多就"压力山大"的情绪呢？

（一）模糊的压力要清晰化——转化成明确的目标

我们感受到阵阵压力时，可能并不清楚压力是从何而来的。这时，我们不妨梳理压在心头的事情，把它们全部写在纸上，清晰地看到自己面临的压力，然后再将压力转化为具体的目标。

比如，案例中的肖璇可以把自己的压力写下来：最近阅读的书籍太少；最近更新微信公众号文章速度太慢；临近硕士毕业，论文还没有完成……

在明确压力来源之后，肖璇可能就会轻松很多。她可以采取以下措施来转换压力：购买相关书籍，每天早起半个小时，坚持阅读；花半个小时，为微信公众号文章建立写作框架，再花两个小时完成文章初稿；每个周末都抽出一天时间写论文。

（二）目标的设置要遵循目标适度定律

确定整体目标之后，不要着急直接完成目标，而要遵循目标适度定律来管理、分解这些目标，通过完成一个个小目标提高自己的自信心，进而为整体目标的完成提供助力。

肖璇可以从定好的目标之中选择一两个相对容易达成的小目标，立刻展开行动。比如，她可以结合权威网站的评分和书单，购买自己需要的书籍，然后花半个小时构建微信公众号文章的框架。当她做完这两件事以后，或许会感觉踏实一些。

人的自信心是可以不断积累的，当完成了某个小目标之后，人的信心会增加一些，再完成一个目标，信心又会增加一些。随着完成任务越来越多，人的自信程度也会随之增强，更能积极地面对更加艰巨的困难了。

（三）将未完成目标放入日程表

有些没能马上完成的目标不能弃之不顾，可以把它们放进手机的日程表内进行管理。

肖璇可以这样设定：每天早上六点半到七点，读书；晚上六点到八点，写作、发布文章；周日下午一点到五点，写论文，完成论文初稿。

将未完成目标编入手机内的日程表，其好处在于：只要点开某个日期，可以十分清晰地看到自己要完成的目标，不用费心记忆，避免增加大脑的负荷和心理压力。我们需要做的只是定期查看手机日程表，知道自己下一步要做什么就可以了。

（四）及时给自己一些奖励

要想持续不断地、"打鸡血"式地冲击目标，就必须及时补充信心和能量，而完成目标之后的及时奖励便是信心和能量的源泉。

奖励要与目标大小相符，完成小目标，获得小奖励；完成大目标，获得大奖励。比如，肖璇完成读书的目标之后，可以放松一下，玩15分钟手机；发布文章之后奖励自己一些小零食；周末写论文之后可以看一场电影等。

（五）将制定目标培养成一种习惯

当压力比较大时，按照上面的步骤操作一遍，基本上会使压力得到缓解。不过，我们也不必等到压力过大时再进行目标管理。假如我们将制定目标培养成一种习惯，就可以很大程度地避免出现心乱如麻的状态了。

有人可能认为制定目标太麻烦，浪费时间，会让自己不自由，过于拘束，其实不然，以平时的状态掌控自己的习惯，稍有问题及时调整，这样就不会堆积出很多苦恼。当制定目标成为一种习惯，我们也就掌握了人生，以后会获得更大的自由。

> **情绪管理**
>
> 如果我们不掌控自己的情绪，情绪就会来掌控我们。将压力转变成目标，再将目标清晰地表现出来，我们就会发现压力并没那么可怕，它也可以成为我们通往成功的指路灯。

三、做好时间管理，让自己成为重要的人

很多人无法处理好工作和生活中的压力，究其原因，是个人时间安排管理不当，导致时间压力过大，进而工作、生活中的情绪压力过大。带着情绪工作，想要成功就会非常困难。

关于时间管理的方法有很多，下面介绍四种十分有效且操作简单的时间管理法。

（一）四象限法则

使用这个方法时，我们要先将自己需要做的事情罗列出来，然后将它们放在四个象限当中。

一定要遵循"要事优先"的基本原则，将最重要的事情放在最前面。

第一象限（重要且紧急）中的事项是非常紧迫的重要事项，应立即去做，不能有任何拖延，一般是重要会议、有截止日期的计划。

第二象限（重要但不紧急）中的工作内容一般是工作规划等，可以先拆解，然后按计划进行，做这一项工作时要集中精力处理。

第三象限（不重要但紧急）中的工作一般是临时发生的工作，对领导来说，他们可以将这些工作分配给相关人员去做，适当放权；对员工来说，一般是领导突然交代今天必须完成的任务，对时间要求很严格。

第四象限（不重要且不紧急）中的事项一般是刷微博、微信聊天等碎片化和休闲娱乐内容，在工作时间不能做，这些事情要留到工作之余再去做。

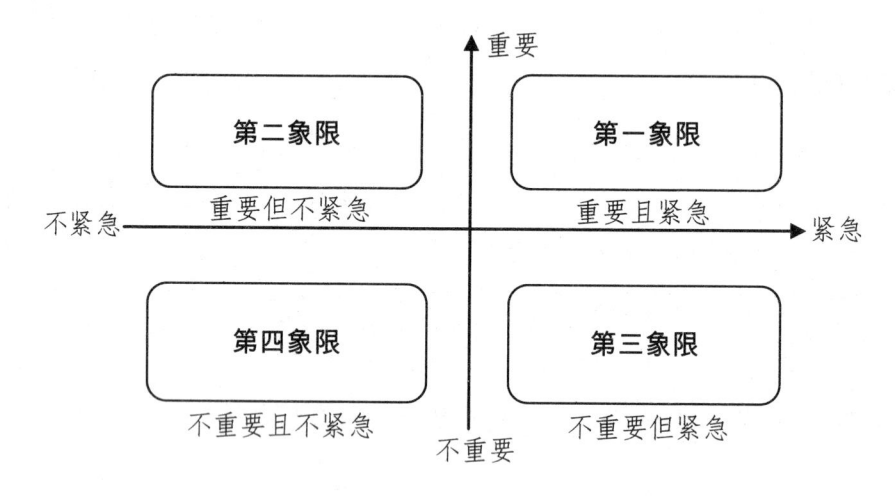

```
                    重要
                     ↑
        ┌─────────┐  │  ┌─────────┐
        │  第二象限 │  │  │  第一象限 │
        └─────────┘  │  └─────────┘
不紧急    重要但不紧急  │   重要且紧急    紧急
────────────────────┼──────────────────→
        ┌─────────┐  │  ┌─────────┐
        │  第四象限 │  │  │  第三象限 │
        └─────────┘  │  └─────────┘
        不重要且不紧急 │   不重要但紧急
                    不重要
```

当将需要做的事情合理地划分之后就会发现，我们可以在有限的时间内完成很多事情，这大大地提高了我们的工作效率，可能投入20%的精力便可以获得80%的产出。

（二）离线法则

或许我们是手机依赖症患者，每天手机不离手，哪怕是学习和工作时都不会放下，一接到信息就会立刻查看。

由于频繁查看手机，我们的工作和学习效率受到严重影响，思路会变得不清晰。在这样的状态中，焦虑和压力情绪自然会逐渐增长。

因此，我们可以遵循离线法则，在工作或学习时，主动关闭手机的上网功能，使手机离线。如果要想彻底断绝手机的诱惑，可以把手机装到口袋里，不让自己看见，或者自己与手机保持离线、不接触的状态。

很多人可能会担心漏掉重要的信息，我们可以通过定时查看手机的方式来解决这一问题。比如，我们在工作或学习之前就设定好，每小时查看一次手机，集中回复未读信息。

（三）10分钟法则

针对拖延症者，还有一种比较有效的时间管理方法：10分钟法则。

10分钟法则要求我们在开始的时候为自己设置一个10分钟的目标，并鼓励自己立即着手去做。一旦开始行动，心理压力就开始减少，心情也会随之变好。在积极的状态下完成工作，就会形成一种良性循环，事情也会越做越好。

通过这种方法，目标被分解成一个又一个10分钟。在目标被一个个的10分钟拆解之后，自我感知就会逐渐增强，再大的工作量也不再吓人。

（四）番茄工作法

番茄工作法，指选择一个待完成的任务，将番茄时钟时间设为25分钟，25分钟内专注工作，中途不允许做任何与该任务无关的事情，直到番茄时钟响起。然后在纸上画一个×，短暂休息一会儿（5分钟就行），每4个番茄时段可以多休息一会儿。

使用这种方法的时候，如果我们突然想起一件事情，可以采用以下方式处理。

如果是非做不可的紧急事情，则停止这个番茄时段，并宣告作废，完成紧急事情之后再重新开始；如果不是必须要做的事情，则可以在当前任务后面做一个标记，继续这个番茄时段。

掌控不了时间的人不足以掌控人生。不管采用哪一种方法，我们的原则就是充分地利用时间，在有限的时间内做一些重要的事情，缓解自己的时间压力，这样才能让自己成为更加强大的人。

情绪管理

每天的时间是有限的，我们整天沉溺于不重要的事情，终将成为一个不重要的人。因此，我们应该管理好自己的时间，在有限的时间内做一些重要的事情，以减轻自身的压力，向着成功迈进。

四 做好精力管理，让自己告别力不从心

在奋斗的路上，只有努力的心情是不够的，还要知道如何合理运用自

己的精力。有的人不满足于现状，想要通过阅读提升自己。可是，一整天的工作已经把他折磨得筋疲力尽，回到家以后，他已经没有任何精力再去读书或学习了。

因此，我们要学会保存并有效运用自己的精力，只有这样才能使自己的整体状态获得提升，有更多的精力去学习和提升自我。

我们可以运用以下三种方法进行精力管理。

（一）全身心投入，注意休息

只有全身心投入，才能保证工作效率，在有限的时间内完成更多的任务，这样也可以预留更多的时间来放松和休息。

身体是革命的本钱。及时休息，拥有健康的体魄，才不至于被烦琐的工作累垮，确保有效产出。

（二）正视现实，心随境转

当我们想要投入精力做某事时，外在环境不一定适合。尤其是在工作时，有时工作环境比较安静，适宜工作；有时环境嘈杂，会影响思维。这时不要将自己的精力耗费在抱怨、不理解上面，而是要正视现实，心随境转。

我们需要充分衡量自己的工作需求和环境的实际情况。当出现嘈杂的环境时，思考是不是可以调整自己的工作状态，或者去做一个用脑程度比较低的工作，或者加入同事们，看看是不是可以在他们的交谈中获取一些工作中需要的信息，当环境变得适宜工作的时候，再继续工作。

正视现实，减少抱怨，心随境转，才能集中精力干大事。

（三）热爱生活，热爱工作

精力不足并不是时代问题，也不是工作问题，而是态度问题。如果对生活充满热爱，对工作充满热情，那么我们的精力在每一天都是充沛的。

如果长期面对枯燥的学业，长期从事烦琐的工作，热情是很难维持下去的。这时我们就要转变思维，将眼光放得长远一些：现在自己的每一步努力，都会直接影响未来十年的生活。一想到这样的结果，我们还会没有热情吗？

（四）优秀是一种习惯

假如我们在做某一件事情之前总是思考半天，就很有可能无法长久地坚持去做这件事情。

我们总是会为自己的懒惰和拖延找很多借口，比如最近时间太少，身体有些累等，其实我们只是缺少一个良好的习惯。

可能我们曾经具有某个良好习惯，比如晚饭后写作30分钟，当我们按照习惯自发地去做某件事情时，内心是非常平静的，不会有太多的压力。

然而，当我们放弃了之前养成的好习惯时，比如吃完饭以后不再写作，而是躺在沙发上玩手机，可能会在玩手机的时候猛然想起自己的任务还没有完成，而自己的时间和精力少了很多，无形之中就会感觉非常焦虑。因此，培养良好的习惯不仅能够使人变得优秀，还能帮助我们更好地节省精力，把节省下来的精力用到重要的事情上。

> **情绪管理**
>
> 精力管理决定着我们的层次。将自己的精力用在刀刃上，才能磨出最锋利的剑，斩断生活和工作中的乱麻，提高效率，使自己变得更加成功。

五 给自己减压，心情放松自然睡个好觉

很多人由于睡眠质量不好而处于亚健康状态。刚开始人们可能还察觉不到，但久而久之就会发现工作进展缓慢，身体出现各种不适，记忆力减退、焦虑、急躁……

也许我们曾经试过睡前喝牛奶、睡前泡脚、睡前洗澡、睡觉数绵羊等

多种方法缓解失眠，但并没有明显的效果。如果失眠是压力造成的，就需要从心理角度进行调节，减轻压力，放松心情，获得好眠。

失眠症不仅仅是睡不着那么简单，其背后隐藏着没有解决的心理问题。因此，想要解决失眠问题，唯有对症下药，正视失眠，解决心理问题。

（一）正视自己，直面心理压力

生活中的压力可能会导致经常性失眠，我们想了很多让自己入睡的办法，比如喝酒、吃安眠药、疯狂运动到精疲力竭，但这些方法只能暂时使人入睡，治标不治本，失眠问题没有得到根本解决。

实际上，失眠时正是我们反思自己的时候，借助失眠反思自己的心理状况，是担心考试而不安，还是工作不好而苦恼，找准原因，正视问题，寻求解决的办法。问题解决之后，睡眠质量也会随之得到改善。

（二）将失眠当作馈赠

我们应该把失眠当成一份礼物，一份馈赠。当我们失眠的时候，也许就是身体在提醒我们：现在的生活可能不适合我们，是时候做出一些改变了。

王伟性格内向，大学毕业后，他觉得自己的专业前景不明朗，为了赶快积累财富，他决定从事销售工作。他知道销售人员需要依靠提成来增加收入，只要自己能够拉来客户，签订合同，每月就能获得高额提成，多劳多得。

其实，王伟不喜欢做销售工作，也不适合做销售工作，但为了赚取高额提成，他说服了自己，去一家公司做了一名销售人员。

然而，工作时他感到了巨大的压力，与陌生客户见面不知道该怎么说话，培训内容忘得一干二净，种种问题积压在心头，导致他晚上经常失眠。他曾试图提升自己，但无奈的是他没有拉来一个客户，这种挫败感加重了他的失眠问题。

后来，王伟追随内心的声音，更换了工作，做广告文案。自此以后，他的生活质量迅速提高，他对自己的生活状态很满意，几乎不再失眠了。

在这个案例中，王伟失眠其实是他的身体在提醒他，不要再固执地做销售员了，放弃销售工作，调整自己的心态。他按照身体的提醒做了，也改善了自己的状态。

（三）远离孤独，建立亲密关系

除了焦虑、压力会导致失眠，孤独感也容易导致失眠。试想一下，在母亲怀里熟睡的婴儿，他们之所以能睡得如此安详，就是因为母亲的怀抱给了他们安全感和踏实感。

假如失眠者身边有信任的人，便会感到安全感和踏实感，自然会容易入睡。因此，我们要学会建立亲密关系，真诚地与人交往，收获珍贵的友情和美满的爱情。当获得一份稳固的亲密关系时，内心便不再孤独，心态平和，睡眠的质量就会提高。

> **情绪管理**
>
> 睡眠是人恢复精力、调整状态的重要方式。对于失眠者来说，要正视压力，与失眠正确地相处，从失眠中看出自己存在的问题，并积极解决，从而将自己从压力中释放出来，放松心情，睡个好觉。

六 别用表面上的云淡风轻，掩盖内心深处的焦虑

现在有些人逐渐产生了"有也行，没有也行，不争不抢，不求输赢"的无欲无求、得过且过的生活态度，然而，在就业压力、住房压力、生活压力越来越大的今天，有多少人能够真正地做到无欲无求？其实这种看似云淡风轻的表现，却透露出其内心真正的焦虑。

二三十岁的年轻人，一直在借助微信、微博、抖音、头条等软件关注这个世界，过分地关注别人的状况，却很少思考自己是不是内耗太大或者价值观是否存在问题。遇到疑问，人们将"都行""没事""先将就""都可以"等当成口头禅。其实这种不争不抢、无欲无求的态度，压根就是不知

道自己想要什么，为了不让别人发现而拼命掩饰的表现。

杨昭和李辉是大学同学，两人毕业后进入同一家公司工作。公司的工资不太高，但提供员工宿舍，中午还提供免费午餐，因此，他们两人每月的工资还能有剩余。

杨昭曾想过努力学习业务知识，提升自己的能力，但没有坚持多久，后来每天下了班就沉浸在游戏或短视频中，经常很晚才睡觉。与他不同，李辉不仅在上班时间认真工作，还为自己制订了学习计划，下班后努力学习业务知识，并报名参加培训课程，拓宽知识面。李辉积极与同事相处，在和谐的工作氛围中，他每天过得都很充实。后来，他凭借自己的出色才能和工作表现被领导提拔为业务主管。

杨昭看到李辉成了自己的领导，也曾心有不甘，发誓要追赶上去，但他的决心只停留在头脑里，并没有付诸行动，仍然像以往那样浑浑噩噩。

在这种看似无欲无求的状态下，焦虑会导致我们每况愈下，影响我们的生活。那么，究竟怎样才能走出焦虑，走向成熟，远离"无欲无求"的颓废呢？

（一）学习

人类行为的93%是可以预测的，而剩下那7%无法预测的行为则改变了世界。世界上存在这一类人，他们可以超越家庭、环境和时代的束缚，让世界另眼相看。

怎样才能成为这样的人呢？学习是关键。这里所说的学习并不是考上多么知名的学校，或者是获得怎样的学习机会，而是一种学习态度和能力。世界上有很多比我们还优秀的人仍旧在学习，我们还有什么理由颓废呢？

（二）选择

或许我们都一样，在选择的时候经常会纠结，担心自己做出的选择会让自己后悔。然而，畏首畏尾注定碌碌无为。其实，选择没有对错，每个人都有自己独特的道路，决定选择结果的并不是选择本身，而是选择之后表现出来的姿态。平和心态，当选择并不断努力后，无论取得怎样的结果都是一种成长，不值得焦虑。

（三）活在当下

通过主观意志调节，我们可以更好地对抗焦虑，生活中有很多事情不由人的主观意志做主。人生充满无常，我们本能地趋利避害，所以容易焦虑，担心错过机会，遭受损失。为此，我们应当活在当下，时刻准备面对生活中出现的波折。

以堵车为例，如果出门前没有做好堵车的心理准备，我们可能会因为堵车而心烦意乱。提前做好心理准备，提前出发，我们就能放下焦虑。

焦虑并不可怕，降低自己的追求也不是最终的办法，我们要学会不断提升自己，在选择中获得成长，在无常中安然生活，和焦虑正常相处，穿过荆棘，历尽千帆，终到成功彼岸。

情绪管理

不求输赢，无欲无求，实质上就是逃避。在现代社会中，只强调安逸，不强调动力，内心的焦虑便无法释放。因此，我们要找准方向，冲破焦虑的封锁，在选择正确方向的前提下努力学习与提高，以安然的心态活在当下。

第七章

情绪选择，
快乐与否全在一念之间

"人生不如意，十有八九，要常看一二。"在我们的一生中，不如意的事情占据了大部分，但反过来想，至少还有十分之一到十分之二是快乐、如意的事情。快乐与否，其实只在我们的一念之间。

一 给自己希望，生活不只有磨难

"生活给了一个人多少磨难，日后必会还给他多少幸运。"如果挨不过生活中的磨难，被生活打倒，那么即使人活着，其实灵魂已经死了，和行尸走肉没什么两样。如果人心怀希望，结果就会不一样。

有这样一个小姑娘，她出生于济南一个知识分子家庭，拥有幸福的童年。但是，幸福的时间是短暂的。在一个晴朗的上午，上完课后，她和小伙伴一起高兴地向外跑，她不小心跌倒了，就再也没有站起来。

她患有脊髓血管瘤，由于病情反复发作，5年间做了3次大手术，脊椎板被摘去6块，最后高位截瘫。医生们一致认为，她活不过27岁。

看着自己的小伙伴，她也希望能够和他们一样去上学。在无情病魔折磨她的时候，她没有落泪，甚至用揪头发的方式转移注意力，转移疼痛。

由于身体的原因，她没有机会去学校上学，只能在家里自学。她不仅学习了小学和中学的课程，还学习了多门语言、针灸、五线谱等。

后来，她受到保尔·柯察金等人事迹的鼓舞，从高玉宝的写作经历中获得启迪，开始用自己的笔去描述美好的生活。在生活磨难的打击下，她并没有放弃希望，在认准写作这个目标以后就开始朝着目标努力。她成为媒体报道的身残志坚的模范。

她就是《轮椅上的梦》《生命的追问》等作品的作者——张海迪。在获得掌声和赞誉的同时，她一直品味着痛苦。张海迪在创作长篇小说《轮椅上的梦》的时候，经受着生活的磨难。

在5年的创作中，她长期坐轮椅，身上生满褥疮；长时间写作，衣袖磨出了洞；由于下身排汗困难，夏天为了降温，她直接将头发浸入自来水中；冬天即使穿上厚棉袄，她也会被冻感冒，而且每一次感冒发烧，都极有可能危及生命。

磨难的背后，是张海迪对希望的坚持，这让她收获了诸多文学成就，也使她获得了"八十年代新雷锋""当代保尔"的美誉。

人生最可怕的就是被磨难困扰，以致失去前进的希望。对年轻人来说，在磨难中挣扎而无法脱身是一件极其痛苦的事情。但要相信，生活给我们磨难，是为了考验我们，帮助我们更好地成长。

正如奥斯特洛夫斯基所说："在生活中没有比掉队更可怕的事情了。"人生最可怕的不是被生活打倒，而是在被打倒之后不能站起来。

人生的意义不在于享受多少荣誉，接受多少赞美，而在于面对生活的磨难时，永远心怀希望，敢于追寻，在拥抱梦想的过程中收获成长。

> **情绪管理**
>
> 希望是光，能照亮前行的路，它是帮助我们战胜生活磨难的良方。每个人都应该有自己的追求，满怀希望。有时可能没有马上看清楚前行的路，但不要放弃，播种希望，就有可能收获美好。

二 除了自己，没人能让自己不快乐

法国作家萨克雷说过："生活是一面镜子，你对它笑，它就对你笑；你对它哭，它也对你哭。"人生在世，有悲伤也有欣喜，只有带着积极、乐观的态度去面对生活，才能在生活中发现惊喜，感受到快乐；如果消极、愁闷地度过每一天，对生活充满抱怨，生活也不会变得更加美好，只能使现实更加骨感。

很多人都想不通，为什么王灿能够每天都笑容满面，即使领导批评了她，她也是从容处理，微笑着接受。

她的好朋友赵琳知道，其实王灿的生活并非像她表现出来的那样无忧无虑。王灿是一个感性的女孩,也有一颗脆弱的心。王灿来到公司之前,她刚刚和相处1年的男朋友分手。男朋友不仅没有照顾她的生活,反而骗光了她近几年的积蓄。她不仅要工作维持自己的生活,还要将一部分工资寄给家中的弟弟上学用。

私下里,王灿曾流过很多眼泪。但是,后来她自己想明白了,高兴也是一天,不高兴也是一天,虽然失去了自己的积蓄,但起码自己看清楚了一个人,这样远比结婚以后再发现要好得多。

弟弟在家学习也非常刻苦,无论是成绩进步还是遇到困惑,都会主动与王灿沟通交流。每当王灿想到这些事情,心中就会产生满足感,不良情绪也就慢慢消失了。

在不断地自我安慰下,王灿乐观地面对生活中的艰难困苦。对离异的父母亲,她没有抱怨,而是隔几天就与他们通电话。

当被问到委屈和辛苦时她是否也曾出现过消极的情绪,她说道:"我有健康的身体和可爱的弟弟,虽然父母离婚了,但是他们身体都很好,而且我可以随时和他们见面,这有什么值得难受的呢?"

王灿没有败给生活,而是用积极的态度去应对生活中的挫折和困难,因此她收获了好心情,也将好心情传递给了周围的同事们。在这个过程中,她还收获了同事们的喜爱与关心。

仔细想想,其实人生本来就不是一帆风顺的,平衡好生活中的快乐和痛苦,我们才能享受美好的人生。

正确地面对生活中的艰难困苦,将这些当作人生的调味品,不仅有助于我们成长,还可以帮助我们调节不良心态。

生活是否幸福、快乐,和我们的想法有直接的联系。除了自己,没有人能让我们不快乐。内心是快乐的,即使窗外阴云密布,风吹雨打,心中也充满阳光。如果我们的心中充满阴霾,即使外面阳光明媚,心中也不会有阳光。

人生在世，难免会遇到这样或者那样的问题。无论面对怎样的境遇，都不要气馁，也不要消极地面对。当自己用积极的心态品味生活带来的艰难困苦，并结合自己的想法不断克服的时候，生活必将充满阳光。

情绪管理

情绪是人对情境的解释。没有人能使我们不快乐，除了我们自己。心有多宽，路就有多宽，笑对生活，幸福不会太远，毕竟爱笑的人运气不会太差。

三　保持理智，别在该动脑子的时候动感情

人具有两面性——感性和理性。情感与理智之间的冲突是亘古不变的话题。情感是向外的，往往直接而热烈，不加修饰；而理智是内敛的，克制而可靠。每个人的内心都经历过这两者的厮杀，可是在遇到突发事件时，理智总是被情感抢了风头。

内心不可能每一天都平静如水，总会在某些时刻激起一些波澜。当生活中出现突发事件时，我们的情绪就会出现波动。比如，突然接到公司要合并的消息，而自己就在劝退名单之内；回到家中发现妻子正在发愁，原来孩子在学校和同学打架，将同学打伤了；孩子因为胆怯，在躲闪的时候又将自己珍藏多年的瓷瓶打碎了……

面对一次次打击，我们感觉自己快要支撑不住了，愤怒之火在灼烧着心脏。这时候，我们禁不住和自己的同事吐槽领导，将孩子和同学打架，以及打碎瓷瓶的事情放在一起说，用鸡毛掸子和孩子进行了一次"亲密接触"。

这种错误应对的方式不仅无法解决问题，反而会破坏我们营造了多年的良好形象。尤其是对孩子的影响，如果后期处理不当，甚至会影响孩子的一生。

"生容易，活容易，生活不容易。"生活中遇到困难时，我们要理智地解决问题，这样才能够将经历变成自己的财富，让自己的人生不留遗憾。

我们都不是稻草人，都有感情，难免会有被不良情绪左右的时候。每当出现问题的时候，一定要不断提醒自己，三思而后行，不要让情绪左右自己的行为。

当我们用理智控制事情的发展时，即使是突发事件，我们也可以适当地调整状态理出头绪。同时，每一次突发事件其实都是对自身的历练。因此，我们要转变观念，要将突发事件看作生活赐予的礼物，在一次次的情绪掌控中，让理智代替感性，让行动代替忧伤。

> **情绪管理**
>
> 要看到"坏事情"的另一面，就需要我们抛开感性，理性地看待问题。转变视角后，我们就会发现，原本愤怒不已的事情，也会在理性的控制下朝着好的方向转变。

四 化繁为简，在纷杂中拥有淡定人生

如果我们每一天都忙碌不已，却效率低下，感觉自己陷入一大堆琐事，而自己的特长并没有发挥出来，由此感受到巨大的压力，觉得每一天的生活都没有什么意义，对未来十分迷茫，我们就应该自省，反思自己是否在很多无意义的事情上投入了过多的精力。

如果答案是肯定的，就需要通过精要主义来调节自己的状态。

林语堂说过："人生的智慧在于摒弃那些不重要之事。"精要主义，指善于利用时间和精力，专注有意义的事情。

生活中有太多的事情需要处理，面对繁多的选择，人们的时间和资源却总是不够。如果不善于选择有意义的事情来做，对任何事情都来者不

拒,生活就会变成一团乱麻。

精要主义是一种自律系统,要求规划自己的生活,而不是放任自流。精要主义奉行"更少但更好"的原则,这不仅是一种方法,也是一种人生信念。那么,如何建立精要主义的习惯,从此掌控自己的人生呢?这就需要我们找到最重要的事情。

先问自己一句话:"假如我的人生只能做一件事,我会选择什么?"

奉行精要主义也要遵循"二八法则",但要花费大量时间寻找自己的选项,并对其做出评估,假如得分太低,就要舍得放弃,专注得分高的选择。

格雷戈·麦吉沃恩被誉为"21世纪的史蒂芬·柯维",是著名的畅销书作家。他上大学时,最初选择的专业是法律。但是,他对商业管理咨询领域更感兴趣。于是,他采取了横杠战略——白天学习法律,晚上学习商业管理,还利用空余时间写作,全面出击,一举三得。

结果,他虽然没有在追求这些目标的过程中失败,但也没有获得巨大的成功。后来他就陷入了迷茫,开始认真思考自己的人生:如果人生只能做一件事情,我该选择什么?

经过慎重考虑,他决定离开英格兰法学院,到美国开始了作家和教师的职业生涯。他在做出决定以后全身心地投入新工作中,所以最后获得了巨大的成功,他的作品影响了很多人。

其实,当我们对自己有很高的要求、以高标准激励自己的时候,我们就会抓住人生的重点,专注做提升自身价值的事情。正是因为我们有足够清晰的目标,才能拒绝诱惑,学会自律,用有意义的事情代替无意义的活动。

> **情绪管理**
>
> 化繁为简，意味着不要把自己的精力浪费在不重要的事情上。当我们明确自己的目标之后，就不会再纠结做什么事情才有意义，也不会在无意义的事情上浪费精力，蹉跎岁月，增加焦虑情绪。

五　只想自己拥有的，别想自己没有的

"知足常乐，自得其乐，助人为乐。"知足是一种积极的人生态度，并不是要求我们放弃理想，也不是要求我们止步不前，只是要我们能看淡得失，放下不值得的事情，抓住眼下的事情。

很多人之所以体会不到生活中的乐趣，很大一部分原因是他们对生活不满足，不断地增加期望，疲于满足期望，却忽视了已经拥有的成果。

公司来了一位叫程英的新同事，但没几天她就成了部门办公室所有员工的"敌人"。之所以会发展成这样，都是因为她太"不幸"了。

其他员工上班都是经受了公交车或者地铁的拥挤，好不容易才来到公司，而程英优雅地从私家车里出来，见到同事就抱怨道："今天我看到我们邻居换新车了，我让我老公也换辆新车，他就是不答应。唉，真是气人！"

所有人都觉得她是在炫富，可到后来才发现她是在抱怨，而且抱怨的理由很多，"我的婆婆打扫房间一点儿都不到位，角落里还有那么多灰尘""大学同学自己都创业了，我还在打工""邻居换别墅了，我是没指望了"……

可是，不管程英是真抱怨还是炫富，同事们都听不下去了，见到她就躲着走，唯恐避之不及。就这样，程英在公司内被完全孤立了，没过多久就辞职了。

欲望其实是一把双刃剑，既能催人奋进，也能吞噬人的灵魂，使人掉入欲望的陷阱无法自拔。面对欲望时，我们应该始终保持一种克制的态度，既要鼓励自己不断奋进，也要对已经获得的成果感到满足，不要盲目攀比。

只有知足常乐，才能时刻保持轻松的心态，享受人生。那么，要想做到知足常乐，应该从哪些方面要求自己呢？

（一）摒弃唯金钱论

我们不要把金钱看作唯一的目标和标准。有些人过于看重金钱，希望自己拥有更多的钱，但由于自己没有能力或条件，便在欲念的推动下走上了不归路。

媒体曾经报道过某位售楼小姐，为了满足越来越高的消费需求，刚开始向亲友、同事借钱，最后无法归还，就伪造合同欺骗消费者，犯了欺诈罪，东窗事发后锒铛入狱。

我们要调整自己的认知，人生没有十全十美的，自己虽然没有很多钱，但足够日常开销，身体健康，家庭幸福，还有什么比这更好的事情呢？

（二）认同自身价值

世界上的大多数人是平凡的，我们不要妄自菲薄，怨天尤人。认清自己的价值，坚信存在即合理，自己尽管没有很高的成就，无名无利，但也可以发挥"螺丝钉"的作用，在自己的平凡位置上平静地生活。

（三）改变心态

我们也有目标，实现目标的道路上会有挫折和困难，尽管短时间内我们无法改变环境，无法解开困境，但也不能沉浸在挫折的痛苦中，而应该发现生活中的幸福，用这些幸福促使自己不断接近成功。

情绪管理

人们的不快乐，很大程度上是因为膨胀的欲望。当我们给欲望"瘦身"，培养出"不以物喜，不以己悲"的豁达心态时，自然就能享受轻松、快乐的生活了。

六 生活从不缺少麻烦，麻烦过后便是你想要的生活

想要美好的生活，就不能怕麻烦。有句话说得非常好："你怎样过一天，就怎样过一生。"如果怕麻烦，逃避麻烦，生活中的乐趣也就越来越少。

王颖最近总是抱怨自己素颜的样子很难看，身材也不好，身体不怎么健康。虽然她总想着锻炼身体改变这种状态，但一直没有付诸行动，因为怕麻烦。

她买了维生素片，本应该一日三次，一次两粒，但她嫌麻烦，于是改成了一日两次，一次三粒；她一般上午10点上班，为了省事，索性把早餐和午餐一起解决了；她买了一些花花草草，但没多久，那些花草就全枯萎了。因为花草需要每天浇水，而她觉得很麻烦，隔三岔五才浇一次水。

她经常在嘴上说改善生活状态，使自己变得更加充实，但碰到事情她就嫌麻烦，所以什么事情都没有做好。

人都有惰性，逃避麻烦可以减少精力的消耗。但是逃避麻烦实质上是在逃避问题，这是一种短视行为。一个人的价值从何体现？就体现在解决问题的能力上。如果我们不去管事情，不去做事情，不解决出现的问题，就体现不出我们自身的价值，时间一久，恐怕就要自我怀疑了。

我们要想有品质地生活，就应该严格要求自己，不能过于随便。只有不怕麻烦，生活才会变得越来越美好。

> **情绪管理**
>
> 　　当想要做好一件事情，但本能的反应是不想花费更多的精力和成本去做这件事情时，人们就产生了某种情绪——麻烦。麻烦在生活中无处不在，如果我们一直逃避，就注定无法成长，只有解决麻烦，才能对生活有更深的感悟。

七　改变想法，放弃是为了更好地拥有

　　放弃也是一门艺术，我们不仅要学会选择，也要学会放弃。"舍得舍得，有舍才有得。"如果内心被欲望和诱惑支配，想要出尽风头，获得所有利益，任何生活方式都要尝试，将大量时间和精力浪费在无谓的纷争和耗费上，不仅会影响正常发展，还会失去人生的方向。

　　学会放弃是一种能力，恰当地放弃并不是不思进取，而是一种睿智。鱼与熊掌不可兼得，要主动果断放弃。放弃后才能抓住人生的转机，放弃后才能拥抱更美好的明天。

　　关于放弃，要注意以下两点。

（一）适时放弃，是为了更好地拥有

　　有些事物，该失去时是无法挽留的，与其做无谓的努力和争取，并为无能为力感到伤心难过，不如坦然地面对失去，主动放弃。况且，有时自己以为得到了很多，但失去的更多；有时自己以为失去了很多，但获得的更多。

　　人生苦短，何必患得患失？只要进行了周密的评估，发现确实不可取，果断放弃，去追求真正属于自己的东西，自然会获得更大、更多的成功。

　　一位年轻人很羡慕某富翁获得的巨大成就，于是跑到富翁那里询问成功的诀窍。富翁了解年轻人的来意之后，并没有说话，而是从厨房拿了一

块西瓜，用刀分成不等的三份。

富翁说："如果这三块西瓜分别代表不同的利益，你会如何选择呢？"他一边说，一边把西瓜推到年轻人手边。

年轻人毫不犹豫地回答："当然是选择最大的那一块了！"

富翁笑道："那好，请用吧。"于是，富翁把最大的那块西瓜给了年轻人，自己却吃了最小的那一块。

年轻人正在津津有味地吃最大的那块西瓜时，富翁已经吃完了最小的那一块，又很得意地拿起了剩下的一块，并特意在年轻人眼前晃了晃，然后大口大口地吃了起来。

事实上，剩下的那两块较小的西瓜加起来要比最大的那块西瓜分量大得多，年轻人马上明白了富翁的意思。

（二）理智取舍，放弃并不代表无原则退缩

虽然我们一直强调要学会放弃，但这并不意味着无原则地放弃。我们要理智取舍，该坚持时要坚持，该放弃时再放弃。首先要认清的一点是：自己究竟想要什么？如果自己没有主见，听从别人的建议，放弃本该坚持的理想或目标，到头来只能追悔莫及。

情绪管理

我们毕生都在追求成功，但是失败从未远离我们的生活。如果我们能够优雅、从容地面对生活，在成长中寻找经验，在得不到时学会放弃，我们的生活将减少几许束缚、增添几分快乐。

八　别让欲望束缚自己，享受平凡的快乐

俗话说"人心不足蛇吞象"，贪心的人即使腰缠万贯，也是欲壑难

填，即使吃的是山珍海味，也会食不知味。生活本不累，累的是欲望过多；人生本不难，难的是欲望的包袱太重。

很多人抱怨自己现在的生活，觉得自己过得不如别人，如果一直这样想，慢慢就会发现，自己的生活真的非常不幸福。人的欲望是无止境的，欲望的达成并不是收获幸福的绝对路径。

比如，开普通轿车的人会羡慕开宝马、奔驰的人，觉得开宝马、奔驰更气派，开上宝马之后，又开始羡慕开劳斯莱斯的人，觉得那是有钱人的象征，开起来有面子。欲望是当前的一个想法，并不能保证给人带来快乐。一个欲望被达成时，另一个欲望随之开启。假如人生只是为了满足自己的欲望，那么一辈子可能都不会开心和幸福。

德国哲学家叔本华说过："财富就像海水，饮得越多，渴得越厉害。"所谓欲壑难填，其中必然伴随着欲望阈值的不断提高。阈值指临界值，阈值越低，就越容易发生变化，反之越不容易发生变化。因此，欲望阈值越来越高，满足欲望所需要的物质和资源就会越来越多，欲望就越不容易满足。

一旦欲望无法满足，挫折感和情绪低落自然就压到心头，心里不快乐。而为了满足更高的，但是通过正常渠道无法实现的欲望时，有人就会想出歪门邪道，从此踏上歧路。

因此，享受平凡，放下贪念，追求平实、简单的生活，是获取幸福的最简单的方法。这并非是让我们放下一切欲望，连理想都不再追求。我们首先要明白理想与欲望的区别，只有真正认真地去做一件有意义的事情，才会深刻地感悟到两者之间的区别。简单来说，想到欲望时，我们的内心是不满足的、痛苦的，而想到理想时，内心是充满憧憬的，是快乐的。

其实，欲望是人的一种本能，每个人都有形形色色的欲望，只要把欲望控制在一定的范围内，欲望也能成为奋斗、进取的一大动力。当然，前提就是欲望要适度，如果欲望没有节制，人就会有越来越多的贪念，最终走入"欲望之牢"。

> **情绪管理**
>
> 欲望可以成为我们的信念和动力，但也可能成为瘾品，使人贪求无度，无法自拔。因此，我们要关注眼前的幸福，体会平凡的人生快乐，抵御不良欲望及过度欲望的诱惑，达到豁达的人生境界。

九 幻想出来的事情太多，只是自寻烦恼

现实生活中，经常有各种各样的事情困扰着我们。所谓"天有不测风云，人有旦夕祸福"，有人会在突然间遭遇无法预料的变故，各种烦恼接踵而来，这些烦恼是客观条件造成的，无法避免的。但还有一种烦恼则是主观形成的，我们称其为"自寻烦恼"。

心理学家做过一个有趣的试验，他要求试验者在一个周日的晚上写下未来七天可能产生的所有烦恼，然后放进指定的"烦恼箱"里。七天后，心理学家打开这个"烦恼箱"，让试验者逐一核对自己的烦恼，结果发现90%的烦恼并没有发生。

心理学家又要求试验者将记录了真正烦恼的纸条重新投入"烦恼箱"，一周之后，心理学家再次打开"烦恼箱"，让试验者逐一核对，结果发现绝大多数曾经的烦恼已经不再是烦恼。由此可见，烦恼是预想的很多，出现的很少。

心理学家从对烦恼的深入研究中得出这样的统计数据：一般人所忧虑的烦恼，有40%是属于过去的，有50%是属于未来的，只有10%是属于现在的。其中92%的烦恼未发生过，剩下的8%则多是可以轻易应对的。可见

烦恼多是自己找来的。这就是"烦恼不寻人，人自寻烦恼"。

一般来说，自寻烦恼的人会表现出以下行为。

（1）思想消极。很多人对自己受到的不公正待遇记忆深刻，注意力总是集中在那些吃亏的事情上，所以这些人总是会用消极的思想给自己制造烦恼。

（2）喜欢幻想。喜欢幻想的人，总是抱有不切实际的希望，而一旦希望破灭，就很容易陷入沮丧和悲伤的情绪中。

（3）对他人不屑一顾。除了自负、自高、自大以外，有的人还嫌弃自己，贬低自己的价值，认为其他人也像自己一样浅薄，于是就会瞧不起他人，最后使人际关系变得非常紧张。

（4）刻薄，挑剔。这些人从来不会赞扬和鼓励他人，反而对他人喋喋不休地批评和挑剔，埋怨起来没完没了，于是与他人的隔阂越来越深。

（5）总觉得自己是受害者。总是这样想的人不仅自身会非常苦恼，还会令周围的人厌恶自己。

（6）总有不好的预感。每一天都担惊受怕，预感有不好的事情要发生，即使害怕的事情不成真，也整日杞人忧天，严重影响日常生活和人际交往。

（7）盲目担责。别人做错的事情，这些人会把过错揽到自己身上，从而自怨自艾，时间久了心情会变得抑郁。

法国著名作家雨果说过这样一句话："世界上最宽广的是海洋，比海洋更宽广的是天空，而比天空更宽广的是人的胸怀。"这句话虽然是在说人的大度，但放在这里也是十分合适的。如果在日常生活中，我们能够心胸开阔，遇到烦恼时能够不自寻烦恼，生活就会朝着光明的方向前进。

情绪管理

> 生命中有很多东西，能忘掉的叫过去，忘不掉的叫记忆。一切烦恼，其实都是自寻烦恼，计较少了，快乐多了；压力少了，轻松多了；抱怨少了，舒心多了；自卑少了，自信多了；复杂少了，简单多了。

十 得意失意，都不要过于在意

得意失意，切莫在意；顺境逆境，切莫止境。人生难免会有起起落落，有时得意，有时失意。在得意与失意间，每个人都要面对人生浪潮的冲击。得意不忘形，失意不失志，只有这样人生才能安好。

（一）得意不在意，不忘初心

美国"汽车大王"福特曾说过：如果一个人觉得自己取得了很多成就便不再努力，失败也就近在眼前了。

很多人初始十分努力，甚至达到了废寝忘食的程度，但刚一显露出某些前途时，便洋洋得意起来，产生傲慢和懈怠心理，失败可能就会接踵而来。

"石油大王"洛克菲勒这样谈自己的心路历程："当我的石油事业不断发展壮大时，每次睡觉之前我总是拍着自己的额头说：'千万别自满，不然脑袋就乱了。'我认为自己从这种自我教育中获益颇多，因为经过自省以后，我刚刚出现的沾沾自喜、自鸣得意的情绪很快便平静下来。"

董卿，不管面对生活中的任何跌宕起伏，始终表现得非常平静与谦和。尽管已经成为业内一流的主持人，但董卿没有停止前进的脚步。

董卿曾回到母校上海戏剧学院攻读研究生，她的同行，主持人崔杰认为，董卿继续深造的选择是正确的，这样走出的道路才能更长远。

董卿在上海戏剧学院的导师表示，尽管董卿非常成功，名气很大，但她一直保持着一颗平常心，"这才是一个主持人最难得的"。

在大家看来，董卿可谓是风光无限，对大多数人来说，她拥有的成功和幸福是遥不可及的。实际上，与名人光环相比，董卿更喜欢收获日常生活中点点滴滴的感动和幸福。

董卿曾说起过自己心目中所认为的"平凡的幸福"：阅读喜爱的书，或者观赏喜欢的影片，感动于剧中人物的言行举止，一个人笑，一个人哭，累了以后就安心地睡觉。等到第二天早上拉开窗帘，沐浴清晨的阳光，她觉得这就是幸福。

正如董卿所言所行，得意时不要过于在意自己的成功，应该继续努力，继续前进，不断学习，同时保持一颗平常心，在日常生活中收获点滴快乐，这样无论自己是什么样的身份，身处何种境地，幸福都会相伴。

（二）失意不失志，砥砺前行

失意的时候，自暴自弃很简单，砥砺前行则需要很大的毅力。要知道，得意失意是可以相互转化的。失意的时候，我们有更多的时间反省自己，提升自己。在人生还没有走到终点的时候，谁也不知道未来会发生什么。

失意只不过是人生经历的一个阶段而已，它不是永久性的，并不决定我们整个人生，反而是情绪决定了我们到底是幸福还是不幸福。因此，失意的时候我们应保持理性与平和的心态，失意不可怕，可怕的是被失意夺去了生活的动力。

越是处于失意情绪中，就越要拾起希望，相信明天会更好，这种希望与信心会激发我们的潜能，使我们变得越来越有力量。

美国著名心理治疗大师M.斯科特·派克说过，解决人生问题的首要方案就是自律。失意时仍然要自律，积极、主动地投入日常生活中，合理安排生活中的各个方面，人们会很快地摆脱失意的情绪，从而使生活变得越来越美好。不管生活中发生了什么，我们都要严格要求自己，时间一长，自律便成为一种习惯，渗透到生活中，成为一种生活方式，自己的人格和智慧也会变得更加完善。

情绪管理

得意失意，都不要太在意。淡定地看待事情，就不会因事受伤；淡定地应对他人，就不会心生波澜。人生的起起落落都是常事，凡事尽力而为，问心无愧即可。

第八章

情绪调节，
坏情绪与好心情只是一墙之隔

　　安东尼·罗宾斯指出："成功的秘诀就在于懂得怎样控制痛苦与快乐这股力量，而不为这股力量所反制。如果你能做到这一点，就能掌握自己的人生；反之，你的人生就无法掌握。"因此，情绪调节的开关其实就在我们自己手中。

一　不想笑就别勉强，刻意的微笑会使自己受伤

当过多的负面情绪来袭时，一味地坚强不一定能够抵挡负面情绪的冲击，反而会使心里出现缺口甚至崩溃。宜疏不宜堵，情绪就像河流，当河流水位上涨时，一味地加高堤坝只是"治标不治本"，最后可能冲垮堤坝，河水外泄。因此，不想笑的时候不要勉强自己笑，刻意的微笑容易导致自己受伤，一旦情绪爆发，更会伤到别人。

看似坚强的人，其实可能积攒了很多不良情绪。他们表面很快乐，但是内心是忧伤的，看似开朗，内心却隐藏着很多负面情绪。

在心理学上，这种人被认为患有"微笑抑郁症"。他们在别人面前表现得很开心，内心却承受着抑郁的折磨。他们习惯用微笑抵御情绪低潮。对这些人来说，生活就像舞台，只要走上舞台，就要呈现出最好的状态，背地里却默默承受着内心的不安和忧伤。

当自己情绪低落的时候，不要逞强说自己很强大，偶尔说句"我不行"，并不是向生活认输，笑不出来就不要勉强自己笑，也许哭起出更加真实动人，把不良情绪发泄出来，才能成就一个完整的自己。

那么，怎样才能走出"微笑抑郁症"的阴影呢？

（一）莫把哭泣、抑郁当羞耻

当自己抑郁的时候，要合理地看待它，它和咳嗽、发烧一样，也是一场病。如果一味用微笑来掩盖，无异于雪上加霜。因此，找个值得信赖的人倾诉自己的情感，暴露真实的自己，在表达中获得关爱，从而调整自己

的情绪。

（二）费力讨好不如做回自己

真实地表达自己是一种正常的沟通。人与人之间的交流达到平等、合作就好，一味带着微笑的面具讨好对方，两者的关系即使表现得很正常也并不平衡，一旦情绪累积过多，就会导致裂痕出现，甚至冲垮自己的内心。因此，收起自己的保护色，展现出真实的自己，这样才能抵抗抑郁的怪兽，享受真正的微笑。

情绪管理

无论一个人多么坚强，微笑背后的抑郁都会击垮其脆弱的内心，甚至使其付出生命的代价。因此，不想笑的时候不要勉强，展现真实的自己，才能把不良情绪倒掉。

二　有情绪了别慌张，充分利用情绪的正能量

当今社会生活节奏加快，学习、工作的压力越来越大，几乎每个人都在生活中感受到诸如"焦虑""沮丧""恐慌"等不良情绪，这些不良情绪被称为负面情绪。我们之所以把这些情绪定义为"负面"，是因为这类情绪让人不适，如果不及时处理，严重时会干扰日常生活与工作。

这些负面情绪会给我们的自我形象管理带来不便：我们不想被人看成是一个善妒的人，所以一般不表现出对他人的嫉妒；我们害怕别人发现自己脾气不好，所以习惯性地压抑愤怒；我们担心在他人面前输了气势，所以不在对手面前暴露焦虑……

我们每个人都在社会生活中扮演着自己的角色，小心经营着自己的"人设"，当与"人设"不符的情绪出现时，我们就会质疑自己，甚至埋怨自己为何不能控制与消除情绪。

负面情绪人人皆有，有些负面情绪需要警觉，有些负面情绪只需稍做调节即可。如果合理地调节负面情绪，就可以将其负能量转化为正能量，推动自身获得进步。

需要警觉的负面情绪会危害自己和他人的身心健康。一般来说，需要警觉的负面情绪主要有无望感与无价值感两种。

无望感指染上了浓郁的绝望情绪，并非只对某个具体事件产生绝望，而是对未来的一切都做出了消极的预期，如"我们怎么努力都没用""我这辈子都不会幸运了"等。

无价值感属于自挫性的情绪，有这种情绪的人会没完没了地自我批评，觉得自身存在的价值不大，没有任何意义，如"我觉得自己很没用""我感觉自己什么事情都干不成"等。

只需要稍做调节的负面情绪有以下几种。

（1）愤怒。

愤怒的情绪能量非常强大，当我们的利益和安全受到威胁时，会本能地产生愤怒情绪，提醒自己需要抵抗。因此，我们要正视自己的愤怒情绪，如果保护了自己，愤怒情绪自然会烟消云散，而没有保护好自己，单纯地压抑愤怒情绪，可能会造成严重的后果。

（2）悲伤。

悲伤是一种具有强烈感染力的情绪，可以引发他人的同理心。悲伤是一种求救信号，可以与他人建立深层次的连接。

当出现悲伤情绪时，我们应该接受悲伤，找到悲伤情绪的释放口，不要让它给自己带来太多的压力。人们常说"患难见真情"，分担悲伤比分享快乐更能深化我们与他人的情感联系。

（3）嫉妒。

嫉妒意味着比较。在比较中，嫉妒情绪是难以避免的，这也能让我们认识到自己在残酷的社会资源竞争中处于什么位置。

嫉妒分为两种，良性嫉妒和恶意嫉妒。恶意嫉妒包含破坏性的意图，嫉妒者会用谣言、诋毁和诽谤等方式贬低被嫉妒者；良性嫉妒包含崇敬和启发，良性嫉妒者会有一种"他能行，我也能行"的心理，因此可以将嫉妒化为动机，通过模仿、学习和自我提升等方式接近或超越被嫉妒者。

（4）焦虑。

焦虑情绪的产生往往意味着某些问题没有得到解决。与其他负面情绪相比，焦虑是最难以忍受的一种，人们会迫不及待地缓解这种负面情绪。不过，即使暂时缓解了焦虑，如果我们没有意识到焦虑的背后到底是什么，也是无法根除这种情绪的，一旦触发焦虑情景，仍然会感到焦虑。

如果我们急切地想要摆脱自己的负面情绪，往往会在这种情绪中越陷越深，而坦然接纳自己的负面情绪，往往会指导自己更好地面对其指向的问题，从而更快地走出这种情绪。

充分利用负面情绪的正能量，可以采用以下方式。

（一）辨认情绪

当负面情绪出现时，不要只描述成"我心情不好"，应该准确描述自身感受，越具体越好，最好为情绪命名。

（二）接纳情绪

负面情绪不一定是我们的"敌人"，它也是我们的"盟友"，所以不要讨厌自己的负面情绪，应该接纳它，并找到引发问题的根源。我们可以将解决问题的办法罗列出来，冷静地分析，并找到最佳解决方案。

（三）设定清晰的人生目标

假如我们早就设定了人生的梦想清单，不妨再次明确一回，使自己更加清晰人生目标和追求。假如尚不清楚自己的人生目标，最好用些时间写出自己的人生目标，设定出3年内的目标、1年内的目标、3个月内的目标等。

设定了目标以后，我们要使其变成自身的潜意识，潜移默化地指引自己的行为。

（四）想象自己处理他人情绪

假如我们的亲人、朋友身处与自己同样的负面情绪中，需要我们的帮助，我们应该怎样安慰他们，给其提出怎样的建议呢？当想出一些对策时，可以运用到自己身上。

总之，负面情绪并非完全没有作用，只要善于调节，将负面情绪的负能量转化为正能量，同样可以促进生活和工作上的进步。

情绪管理

不管我们有没有负面情绪，都要告诫自己始终保持冷静和愉悦，直到它们真正地成为自己下意识的行为和习惯。拉开人生差距的不仅仅是能力，还有情绪，永远别让负面情绪绑架自己的人生。

三 换个角度看得失，再不好也可能只是"塞翁失马"

有时候失去意味着新的收获即将到来。当我们面对生活中的不如意时，不要轻易放弃，不要把个人得失看得过于重要，要以平常心、换个角度看待问题，就会跨越得与失的界限。

"塞翁失马，焉知非福"很精练地说明了对待个人得失的正确态度。

在靠近边塞的地方，有一个老人。有一天，他家有一匹马跑到胡人那里去了，邻居们都来安慰他。老人说："这怎么就不能是一件有福运的事情呢？"

过了几个月，他家的马带着胡人的骏马回到家里，人们纷纷祝贺他。老人却说："你们怎么知道这不是一个祸端呢？"因为家中有骏马，老人的儿子又喜欢骑马，结果从马上掉了下来，把腿摔断了。

人们又来安慰他。老人说："这怎么就不是一件好事呢？"过了一年，胡人大举入侵边塞，很多健壮的男子都被征召入伍作战，伤亡很大，而老人的儿子因为腿瘸没有上战场，保住了性命。

前面已经讲过情绪ABC理论，该理论认为激发事件A（Activating event）只是引发情绪和行为后果C（Consequence）的间接原因，而直接原因则是个体对激发事件的认知和评价而产生的信念B（Belief）。也就是说，不合理的信念才会导致我们产生情绪困扰。因此，我们要想保持良好的情绪状态，在考虑问题时就要从积极的方面多加思考。任何事情都可以带来积极的影响，也可以带来消极的影响，关键在于我们从哪个角度来看待问题。

李朗从小家庭环境优越，备受父母宠爱，后来考上了一所重点大学，并学习自己非常喜欢的专业。毕业以后他也没有大费周折，很轻松地进入一家大型企业上班，这时他只有24岁。

李朗一开始满怀信心地工作，但接下来他发现，单位的人际关系非常复杂，而他很单纯，说话做事非常率真，直来直往，不懂得绕弯子。他很快就听到同事的议论声，说他年轻气盛，做事不认真等。李朗从小生活养尊处优，遇到这样的处境，非常沮丧。

回到家，李朗把遇到的不愉快的事情一一说给父亲听。父亲给他讲了一个故事。一个人在一次车祸中不幸失去了双腿，他的亲人和好友纷纷安慰他。他说："我遇到这种事情的确很糟糕，但是我活了下来。我从这个经历中明白，原来活着是一件如此美好的事情。我以前从来没有这样清醒地认识过这个事实。你们看，我现在不还是像以前一样自由自在地呼吸，欣赏美丽的景色吗？我失去了双腿，但我获得的是比之前更加珍贵的生命。"

李朗的父亲说："这个故事中的人很有智慧，他知道自己失去了双腿是一个无法改变的事实，再痛苦也没有用。因此，他转换了角度，在看待

赶走坏情绪

同样一件事情时,他开始寻找更加积极的一面。"

李朗的父亲停顿了一下,接着说道:"一个刚刚步入社会的年轻人,与同事相处得不愉快是再正常不过的事情了。单位毕竟不是家,存在的矛盾是很多的。你也应该转换一下角度,把这些不愉快看作对自己的激励,让自己在这些磨炼中尽快成熟、成长起来。这样想的话,你现在经历的境况就是你在人生成长道路上的一笔财富。"

父亲的这番话让李朗豁然开朗。自此以后,每当他在工作中遇到不如意的事情时,他总会换个角度,认为这是一件好事情,至少说明自己有不足或不对的地方,需要改进。同样的一件事情,在过去带给他的是烦恼和苦闷,而现在则是积极向上的动力。

生活的门一旦打开,就是双方面的。有人能看到乐观的一面,有人只看到悲观的一面。如果改变不了自己看待问题的角度,过于看重个人得失,就相当于给自己选择了急躁和苦闷的心情。

情绪管理

"每失一物,必有所得,每得一物,必有所失。"看不开得失的人其实是最累的。因此,我们要淡然面对得失,当心中出现丧失感时,不妨淡然处之,告诉自己:得即是失,失即是得。只要转换了角度,自然就能转悲为喜。

四 心理补偿,让失衡的心理重新获得平衡

现代社会由于竞争日益激烈,很多人出现了心理失衡的现象,遇到诸如成绩不如意、高考落榜、应聘落选、与爱人争吵、被人误解或嘲讽等情况时,心中就会积累各种消极情绪,从而导致心理失衡,此时正是需要心

理补偿的时机。

心理补偿指因为主观或客观原因人们心里不安而失去心理平衡时，企图采取新的发展来表现自己，借以减轻或抵消不安，从而达到心理平衡的一种内在要求。

综观古今中外的强者，他们之所以成功，一定程度上归因于他们善于调节心理的失衡状态，通过心理补偿来慢慢地恢复平衡，逐渐增加建设性的心理能量。

人的心里就像一架天平，一边是消极情绪和心理压力，另一边是心理补偿功能的砝码。那么，我们应该如何加重自己的心理补偿砝码来达成心理平衡呢？

建议采用"多元补偿"的方式。大家可能会对这个词有些陌生，举个例子，一个人失恋后，情绪非常低落，这时他应该怎么做？此时，他往往会启动心理补偿机制，做一些补偿行为，比如购物。不过，如果他一味地把自己的注意力放在同一件事情上，可能在当时很有效，但那只是暂时的，如果再遇到不开心的事情怎么办？继续购物？这样形成习惯以后，购物在改善其情绪的效果上会大打折扣，甚至会产生"购物狂"的行为。

多元补偿的方式指全身心地尝试不同的领域，给自己多一些选择，比如唱歌、读书、写作或者旅游等。俗话说得好，"不要在一棵树上吊死"。多元补偿更有益于身心健康。

如果合理地运用心理补偿，我们可以更有效地拓展自己的人生境界。但要注意两点：一是不要好高骛远，给自己设定不可能实现的补偿目标；二是不要赌气。只有积极地进行心理补偿，才能激励自己实现更高的人生目标。

> **情绪管理**
>
> 　　心理补偿是建立在理智的基础上的，自我宽慰不等于放任自流和为错误辩解。一个真正的达观者，往往是对自己缺点和错误最无情的批判者，是最严格要求自己的进取者，是乐于向自我挑战的人。如果过度地进行心理补偿，很有可能使自己的内心更加脆弱。

五　尝试想象，让负面想法发生积极改变

　　生活中没有人可以随便成功，在纷繁复杂的环境中，想要时时刻刻都顺心如意是几乎不可能的。当我们身处逆境、遇到困难、遭遇痛苦时，能否保持一颗平常心至关重要。

　　遇到心理问题时，如果我们找不到合适的方式进行调整，它就会一直存在，不仅会影响工作和生活，还会影响个人的发展。因此，想要改变负面情绪，需要从心理上进行引导。

　　著名心理学家荣格曾经提出：心理治疗师必须跟随自然发展的脚步，他或她应该致力于激发隐藏在病人身上的潜能，而不是不停地向病人发问。如果我们细心观察就会发现，每个人的心里都藏着一颗积极的种子，这颗种子会在积极想象的情况下不断地生根、发芽。

（一）负面思想图像化

　　将脑海中的负面想法转变成有关的图像。如果认为自己比较胆小，就将自己想象成一个瑟缩身体、浑身发抖的胆小鬼，当周围人和我们打招呼的时候，大声回答："我很害怕！"场景越形象、越具体、越夸张越好。一直想象，直到形成深刻的印象，即一想到自己胆小，这个场景就会跳出来。

（二）替代想法积极化

　　针对负面想法进行积极化处理，比如，"我很害怕"就可以被"我无

所畏惧"替代。只要负面想法一出现，就用积极的想法来面对，直到脑海中出现积极的想法为止。

（三）积极思想图像化

重复第一个步骤，头脑中呈现出积极的想法。以"我无所畏惧"为例，把自己想象成顶天立地的伟大人物，向着前方的危险挺进，口中大喊："来吧，我什么都不怕！"不断演练这个场景，直到想到这句话时就会自动出现这个场景。

（四）图像内容关联

关联步骤一和步骤三中的图像。直接切换这两个场景很难达到长期有效，所以要让第一场景发展到第三场景。这时，可以想象自己是导演，自主设计，将两个情景关联在一起。

关联好之后，可以迅速地演练几遍，不断重复这些场景的关联，直到我们可以在两秒甚至一秒内想完，使负面想法朝着积极的想法转变。

（五）确定转换效果

在全面了解转换的思维之后，可以通过实践测试转化的效果，检验自己是否能在自己头脑中出现"我很害怕"的想法之后，迅速将念头转变为"我无所畏惧"。假如效果还不明显，就继续练习，直到负面情绪逐渐转变成积极的想法为止。

情绪管理

想象在本质上是一种思维模式，运用积极的想象将消极的心态转化为积极的心态，就是用一种新的思维模式来替代旧的思维模式。我们不要抗拒消极的心态，而应从想象入手，在心理上建立条件反射，使积极的思维自动出现。

六 工作可以枯燥，但心不能浮躁

刚走出象牙塔时，大多数人对工作充满了期待。找一份自己喜欢的工作，有一群志同道合的同事，一起做一件有意义的事情，领着可观的薪水，这一切想象起来是那么美好。

但走进职场以后会发现，原来工作中还有很多被迫要做的事情，虽然薪资水平不错，但是经常加班，在一天天重复的工作中，心浮气躁，身心俱疲，离职几乎成为萦绕心头的一个挥之不去的念头。

戴婷从小就喜欢写作，为了能和自己喜爱的杂志一起成长，她大学毕业之后就去了那家最喜爱的杂志社工作，成为杂志社的编辑。

刚入职的时候，戴婷激动万分，想象着以后可以阅读数不清的杂志，和编辑打交道，这是多么幸运的事情，又是多么好的学习机会呀！但是，没过多久她就开始厌倦了。

她在工作中发现，编辑和阅读完全是两件事情。在没有尽头地赶稿、校稿的过程中，她不仅没有享受到阅读的快乐，反而每天都在拼命地加班。

那些能与读者友好互动的编辑前辈们，在现实中可并不如戴婷想象得那么亲切，而且她非常喜欢的作者存在自己之前没有发现的缺点，这些让她开始怀疑自己当初的选择，甚至她想到发一封离职信，离开这个岗位。但是，在一次同学聚会上，她彻底打消了辞职的念头。

同学们聚在一起讨论工作现状，基本上有一半以上的同学对自己的工作不满，觉得非常枯燥，没有意义。有人询问戴婷的现状，在听了戴婷对工作的介绍之后，纷纷羡慕起来。

尽管大家在不同的行业工作，但对工作的感受极其相似。每个人都会看到他人工作的风光，却忽视了枯燥的一面，一般只有经历过的人才能深刻领会。这样一想，戴婷就打消了离职的念头。

如果现在的工作是自己喜欢的，但是还有枯燥感，那原本就不喜欢的行业不就更枯燥吗？自己多年寒窗苦读的时候，每天重复着听课、做题、考试，不是也觉得很枯燥吗？但我们用心去做那些试题时，时间不知不觉就过去了，只要我们心无旁骛，又怎会感觉枯燥呢？其实，枯燥的感受并非来自工作或学习，而是浮躁的内心引起的。

心在职场，心绪平静，即使再枯燥的工作也会乐趣无穷；心里浮躁，再感兴趣的工作做起来也是煎熬。如果没有静下心来，心浮气躁地换工作，那么即使遍历各行各业，也不见得能做出什么成就。

因此，沉心静气，在枯燥的工作中寻找可以获得提升的地方，在每天的工作中寻找差异，专心致志地完成工作任务，我们才能体会到工作的乐趣。

（一）每天制定工作目标

我们必须认真看待自己的工作，哪怕它本身平凡无奇，我们也要从中找到一些乐趣。我们可以每天制定一个合适的工作目标，在完成每天的小目标以后，我们会获得充实的成就感，同时收获领导和同事的认可，内心充满满足感。

这些满足感和成就感恰恰是工作乐趣的重要来源，在此激励下，我们会更有动力制定并完成下一个目标，不断增强自信，获得连续不断的快乐。

（二）善用心理暗示

利用一些积极、轻松的心理暗示，将工作内容和每天遇到的人和事与自己感兴趣的事情对应起来，这样可以萌生出很多意想不到的乐趣。我们可以采用语言暗示，告诉自己"我很喜欢这份工作，在工作中我可以收获很多快乐"；也可以采用行为暗示，让身边人深信我们在工作中收获了很多乐趣，他们的羡慕眼光和言语表达反过来会激励我们；时常提醒自己从工作中可以获得的益处，如学到知识、提升工作能力、积累经验、拓展人际网络、体会到踏实的感觉等。

（三）发掘工作中的乐趣

其实平凡的工作中也蕴含很多乐趣，例如写材料时顺便积累素材，帮助同事完成紧急任务会收获感激……我们要学会在工作过程中和工作的间隙寻找快乐，这样既可以提升工作质量，也满足了精神需求。

> **情绪管理**
>
> 踏踏实实、做好工作才是王道。心浮气躁时，原本沉着冷静的自己消失了，想要做好工作似乎成为一项挑战。不要让情绪左右我们的工作，抛去浮躁之心，工作会带我们认识一个全新的自己。

七 情绪管理，心情低落时逗自己开心

逗自己开心是一项非常重要的能力，这涉及管理自身情绪的能力和自我激励的能力。我们心情低落时，假如可以通过一些有效的方法逗自己开心，说明我们是一个擅长自我情绪管理的人。下面就来学习六种逗自己开心的方法。

（一）进行有氧运动

大量科学研究发现，有氧运动是缓解抑郁情绪与其他消极情绪的有效方法。运动能够促进大脑分泌内啡肽，这是一种快乐因子，大脑中分泌的内啡肽越多，我们的心情就越愉快。

或许有人觉得运动太辛苦，每次运动之前都要进行一番心理上的挣扎。不过，我们可以在脑海中不断强化运动之后体验到的美好感受，激励自己坚持运动。

运动之后出一身汗，冲个澡，浑身舒爽，精神放松，整个人都会精神焕发，心情怎能不好呢？

（二）适当愉悦感官

愉悦感官，指在听觉、视觉、嗅觉、味觉和触觉等方面满足自己，但要遵循适度原则，不然快乐也会变成痛苦。

心情不好时可以聆听优美的音乐，最好是选择自己喜欢的音乐风格；在视觉上，可以去观赏美丽的风景或者精彩的电影，尤其是喜剧片或励志片；对气味比较敏感的人可以体验芳香疗法，如果有条件，可以买一台香薰机；适量地吃一些甜食可以让心情好起来，不过心情低落时自控力较差，一定要控制好自己，不能暴饮暴食；泡脚、洗澡、拥抱等都有减压、恢复心情的作用。

（三）做一些小事获得成就感

当心情低落时，我们往往缺乏行动力，这时不妨做一些容易完成的小事，比如收拾桌子、整理书本等，在收拾、整理桌子和书本的过程中，同时改善了自己的心情。

（四）帮助他人

心情低落时，我们往往过度关注自身存在的负面情绪，这时不妨把注意力投向外面的世界，如帮助别人。这样一来，我们就不会沉浸在抑郁情绪中，而且帮助别人可以使自己找到价值感，为自己带来愉悦感。

（五）阅读正能量的书籍

正能量的书籍能鼓舞人心，有意思的是，很多人在心情低落时对知识的感受性特别强。读到某些文字时，会产生"这就是为我而写"的感觉。心情好的时候，有些书可能不会翻看一眼，但在心情低落时，可能会积极地从中寻求心灵的解药。

（六）亲近大自然

色彩心理学的研究证实，绿色更容易使人心神宁静，所以当我们心情低落时，不妨亲近大自然。我们可以到附近的公园散散步，或者在室内养一些花草、多肉，营造一些绿色景观，也可以起到舒缓心情的作用。

总之，心情低落时，与其我们在那里胡思乱想，不如赶快行动起来，逗自己开心。

> **情绪管理**
>
> 逗自己开心体现的是一种情绪管理能力，心情低落时，如果过于沉浸在这种情绪中，就会意志消沉。这时不如振作起来，主动逗自己开心，舒缓身心。

八 适当自嘲，让扫兴变成高兴

敢于自嘲的人，往往具有营造愉快氛围、摆脱困境的能力，原本沉闷的氛围可能会因为一个玩笑而被打破。自嘲不仅可以安慰自己的内心，还可以让其他人对自嘲者刮目相看。

敢于自嘲的人，一般心态都很好。自嘲就是自己"嘲笑"自己，自己的失误、不足甚至缺陷都可能成为自嘲的对象。越是缺陷，就越不能遮盖、躲藏。

（一）自嘲需要适度

自嘲不是将自己说得一无是处，这样真的会让大家瞧不起。自嘲建立在自爱的基础上的。

（二）自嘲彰显自信

在社交场合中，因为自己的外表或者语言不妥陷入尴尬，自信的人往往可以通过自嘲的方式及时化解问题。而自卑的人遇到这种情况时往往会陷入慌乱，不知道该如何救场。

（三）自嘲解救失误

我们出现失误时，可能会引发与他人的对立情绪。假如这时适当地自嘲一下，通常会获得对方的谅解。这时，自嘲也是一种示弱，对方见到我们示弱，也就不好意思再较真了，敌意也就慢慢消退，甚至双方可能会更加友好。

(四) 自嘲舒缓情绪

遇到一些挫折时，如果我们能够适当自嘲，就能把注意力集中到如何解决问题上，进而从不良情绪中走出来，努力走出困境。自嘲在一定程度上体现了一个人的豁然态度。

(五) 自嘲表现谦和

自嘲使我们认识到自身存在的不足，同时让他人对我们刮目相看。可以说，自嘲是社交中非常重要的一种能力，它可以遮盖我们的锋芒，体现出我们谦和、友好，平易近人的一面。

情绪管理

适度自嘲，既是一种修养，又是一种气度，不仅让自嘲者看起来更加洒脱，也能让交谈的气氛更好。自嘲有时也是一种自谦，在职场上过于锋芒毕露，未必是好事。别人自嘲时自己不要去附和，否则会让对方误解你是尖酸刻薄的人。

九 反省自身，去掉缠人的"抱怨病"

反省指反思自己的动机和行为，这是自我意识能动性的表现，也是行之有效的德行修养方法。

生活中有很多人经常抱怨周围的环境和人，但是不断抱怨只会放大原来的烦恼，与其这样，不如认真反省自己，换一个角度思考问题，尝试着去改变，这也许是最明智的态度。

市区的某栋高级写字楼里有两家公司。甲公司的工作环境非常糟糕，员工之间不和谐，经常因为一些鸡毛蒜皮的小事争吵，互相戒备，每天不断抱怨，员工们感觉在这里工作度日如年。乙公司恰好相反，员工相互间坦诚和尊重，每个人都心情愉快，脸上洋溢着笑容。

甲公司的老板看到乙公司的员工和睦相处，非常羡慕，但又不知道其中有什么奥妙，所以去找乙公司的老板请教。不过乙公司的老板不在，他在接待大厅向接待员请教了这个问题。

"你们使用了什么好办法，让公司里一直保持和谐愉快的气氛呢？"

接待员回答道："因为我们的员工经常反省。"这时正好一名员工从外面回来，在大厅摔了一跤。正在清洁卫生的工作人员立刻跑过来，边扶起他边道歉："不好意思，我把地板拖得太湿了，让你摔倒了，向你道歉。"

站在门口的值班员也跑过来说："这是我的错，没有及时提醒你大厅里的地板没有干。"

摔倒的员工并没有抱怨和指责任何人，只是自责地说："不是你们的错，是我自己太不小心了。"

看到这一幕，甲公司的老板回到公司进行了一系列培训，要求员工从自身做起，学会反省。半年以后，甲公司的风气明显好转，员工的工作积极性有了显著的提升。

反省是深刻检讨自身的过失行为，自责则是表达对他人的歉意。当人与人之间发生矛盾时，要懂得反省和自我总结，这样人们才能真心相待。

情绪管理

一味地抱怨和指责他人是掩盖和放纵自己的过失、逃避责任的表现，只会让事情越来越糟糕。反省自身，远离抱怨，可以化暴戾为祥和，化干戈为玉帛；停止无谓的争吵，可以消除隔阂，改善人们之间的关系，让生活环境和工作环境变得更和谐，内心也就更加幸福快乐。

第九章

情绪转移，
与状态不好的自己说再见

情绪是一种可以累积的能量，当不良情绪反复出现时，就必须去疏通，否则积累起来的不良情绪可能随时发作。压抑不良情绪并不会使它消失，反而有可能转变为其他病痛表现出来，因此学会转移情绪至关重要。

一　转移注意力，别在不愉快的事情上纠缠不清

遇到挫折和麻烦时，有些人可以不受不良情绪的干扰，有些人则被不良情绪困扰不已。情绪不好时应该转移注意力，积极寻求解决之道，才可能获得更多的幸福感。

只要自己愿意去尝试，愿意去改变，注意力也会随着我们行为和思想的转变而出现转移，不愉快的心情会在情绪转移的过程中逐渐消散，自己也能逐渐从不良情绪中脱离出来。

王岩现在是一家金融公司的经理。他刚进入公司的时候，同事们经常在工作中为难他，这让他无法忍受，产生了离开公司的想法。

在辞职之前，他找来一张纸和红墨水笔，将公司中每个人的缺点都写了出来，并将他们骂了一顿。骂完之后，他似乎觉得自己的愤怒情绪少了一些，原本不愉快的心情慢慢平静下来，整个人轻松了不少。

短暂发泄之后，王岩的不良情绪竟然得以消除，而且他逐渐扭转了工作状态，工作业绩突飞猛进，同事们也对他刮目相看。

面对不愉快的事情，除了王岩的方法可以转移注意力、消除不良情绪，还有很多方法可以发挥同样的功效。

享受阅读的乐趣　　　　　　倾诉内心缓解压抑

主动开展社交活动　　　　　通过付出发现自身价值

（一）享受阅读的乐趣

一本好书不仅让我们欣赏到优美的文字，享受到读书的乐趣，还帮助

我们将烦恼置之度外。

（二）主动开展社交活动

人是社会中的一员，在群体中生活，要融入社会，积极、主动地开展社交活动，才能获得社会的馈赠，体会来自社会的关爱。情绪不好时，找两三个好友喝喝茶，聊聊天，从中就可以找到安全感和信任感，从而精神饱满地继续生活和工作。

（三）通过付出发现自身价值

付出也会收获喜悦。在做好事的过程中，我们可以发现自身价值，内心获得安慰。当我们向他人伸出援助之手，我们也会从中收获助人为乐的喜悦之情以及对方的善意。

（四）倾诉内心缓解压抑

倾诉是沟通自己内心和外界的桥梁。当我们遇到烦恼的时候，不妨向知心朋友倾诉，转移注意力，将压抑在内心的不良情绪抛诸脑后。

情绪管理

转移注意力是情绪调节中最简单也最有效的方法。我们要在情绪受到困扰时努力从中抽身，不被不良情绪包裹，从而使自己有更多的时间和精力去做更有意义的事情，使每一分努力都有所收获。

二 躲避与转移外界的刺激，给不良情绪"断电"

人们在出现不良情绪之前肯定受到过外界的刺激，这些刺激就是不良情绪的"充电器"，它们一直在为不良情绪"充电"，并使"电量"积攒到情绪爆发。

因此，在面对不良情绪时不要慌张，不要着急，要找准不良情绪的来源，从源头上转移与躲避外界刺激，从而做到给不良情绪"断电"，直接冲淡或者打消不良情绪。

（一）躲避外界刺激是基础

日常生活中有很多给我们带来不良情绪的事情，当我们遇到这些事情时，要尽量躲避，以免激化矛盾，影响自己的情绪。当然，这是一种消极的情绪调节方法。

（二）转移外界刺激是关键

人在愤怒时，大脑皮层中一般会出现强烈的兴奋点，而且这些兴奋点还会向四周蔓延。因此，我们要在愤怒的情绪尚未达到顶点时就理智地转移兴奋中心，比如，及早离开与自己争吵的对象，去其他地方做别的事情；转变情绪的思路，通过与他人聊天来改变自己的想法；换个环境，在安静的地方做事情……

转移外界刺激之后，大脑皮层便会建立另外一个兴奋中心，这样就减弱和抵消了之前的兴奋中心。相对来说，这是一种比较积极的情绪调节方法。

情绪管理

生活中容易产生困惑的原因之一，就是盲从了自己情绪化的表达。当出现不良情绪时，不要惊慌，不要冲动，更不要心急，暂时躲避与转移外界刺激，可以及时切断不良情绪的"电源"。

三　不钻牛角尖，远离让自己纠结的死胡同

"钻牛角尖"指遇事思维僵化，不懂得变通。"钻牛角尖"的人大多过于执着，认定某个想法后就一条路走到黑，最后走入死胡同，步入纠结的境地。

古人早就对变通的重要性有过经典的论述："穷则变，变则通，通则久。"假如墨守成规，不懂变通，只能尝到失败的苦果。只要我们善于开

动脑筋，转变方法，不钻牛角尖，获得成功的可能性会更大。制度管理需要变通，为人处世也需要变通，而对于情绪的态度，我们更要变通。变通不但是平衡情绪的好方法，更是获得快乐的良方。

人生充满变数，我们可能会遇到各种意想不到的变化与冲突，顺境与逆境是相对的，在某些条件下是可以相互转化的。因此，面对困境时，如果可以灵活地转换自己的思维方式，大胆地尝试与创新，多角度审视自己的困境，更有利于解决问题对策的提出。

薛雯正在学习舞蹈，有一次舞蹈老师宣布学校将会举办舞蹈比赛，建议学生们踊跃报名。薛雯和舞伴都表示想要参赛。

不过，薛雯发现自己的舞伴不仅和自己搭档，还和其他女孩子参加了其他比赛，这让她很难受。其实，她的舞伴很有舞蹈天赋，只是想多参加几项比赛，证明自己的能力而已，但薛雯怎么也想不通，以为舞伴不再想和她搭档了。

薛雯开始胡思乱想，钻牛角尖，情绪非常差。她对母亲抱怨说："我的舞伴肯定是不想和我搭档了，他就是想和其他女孩子搭档吧！不愿意和我搭档就说出来啊，为什么不直接一点儿？"

后来，薛雯甚至不想再搭理她的舞伴了。

当我们受到某件事情的影响而消沉时，要尝试着转换角度，根据形势变化，积极、主动地转换情绪，不要与自己过不去，不能沉溺在消极情绪中。只有学会变通情绪，才有机会欣赏人生中更多的美丽风景，创造更多的奇迹。

面对同一风景，从不同的角度可以看到不同的景色，对待情绪上的不如意也应该如此。挫折是生活不可或缺的一部分，是生活给我们的考验。我们要想变得越来越成熟，就要有勇气经受并克服一个个挫折。假如我们在看待问题时持有一种积极的态度，隐藏在其中的机会便能被我们所掌握，甚至这些困难还会成为我们获得成功的垫脚石。假如我们"钻牛角尖"，只看到困难，觉得自己是世界上最不幸的人，就不会有快乐的感受，即使好运来临，也会错失机遇。

无论对人还是对事，以平常心对待，不要钻进死胡同，不要纠结一些自己不明白的事情，这样"于人不利，于事无补，于己也无益"。凡事懂得变通，才能收获成功。

情绪管理

有句话说得好："日出东海落西山，愁也一天，喜也一天；遇事不钻牛角尖，人也舒坦，心也舒坦。"遇到死胡同时，学会及时绕开，让自己在转变中调整心态，从而获得心情上的愉悦。

四 运用简单情绪调试法，给自己情绪锻炼的机会

很多人产生负面情绪的时候喜欢通过吸烟、喝酒、玩游戏来减轻压力。吸烟、喝酒会损害身体健康，打游戏之后可能会因为影响计划和进度而产生自责感，继而形成一种恶性循环，影响我们的生活状态。

其实，负面情绪的产生很常见，也是我们每个人都会经历的事情。当我们面对不良情绪时，最好不要通过上述不合理的方式排解，可以通过简单的情绪调试法锻炼自己，及时调整不良情绪。

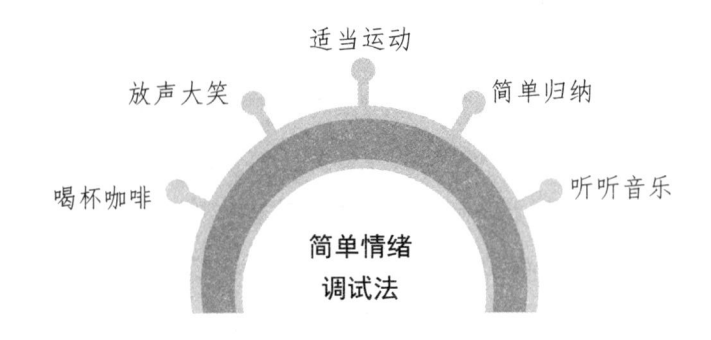

适当运动　　放声大笑　　简单归纳　　喝杯咖啡　　听听音乐

简单情绪调试法

（一）喝杯咖啡

哈佛大学流行病学和营养学教授阿尔贝托说，咖啡因能促进人体某些精神传导物质，如多巴胺等物质的释放，帮助人体调节情绪，降低抑郁。因此，我们在受到不良情绪困扰时，可以独自一人坐在角落，听着自己喜欢的音乐，品味咖啡的滋味。

当端过一杯热气腾腾的咖啡时，不要着急喝，要循序渐进地品味，达到放松心情的效果：先闻一闻咖啡中蕴含着的浓香，刺激自己的嗅觉神经；然后观色，欣赏咖啡的色泽；最后品尝，感受咖啡的滋味。

（二）放声大笑

有报道指出，人在大笑的时候会分泌多巴胺。随着开怀大笑，人体内的氧气也会随之增多。因此，心情不好的时候，多想想开心的事情，调整情绪，让心情明朗起来。

（三）适当运动

运动能加强心搏，促进血液循环与新陈代谢，使大脑获得更多的氧气与营养；运动还可以集中人的精神，消除紧张感，疏解不良情绪。因此，为调整自己的情绪，可以适当做一些运动，如慢跑、跳跃、打篮球等，运动之后，心情自然而然就会发生转变。

（四）简单归纳

在杂乱的环境中，人的情绪也容易出现变化。情绪不好的时候，花些时间整理空间和环境，使其整齐、有条理，给人以放松的感觉，同时产生成就感。

（五）听听音乐

音乐是陶冶性情的良方，我们可以在音乐中汲取力量，在音乐中陶冶情操。因此，心情不好时，可以欣赏振奋心情或者舒缓情绪的音乐，享受音乐的美好，激发生活的热情。

> **情绪管理**
>
> 大多数人遇到负面情绪时会难以承受,有人抱怨生活不公,有人莫名压抑和失落。其实,喜怒哀乐乃人之常情,我们可以运用简单情绪调试法,调整自己的不良心态,给自己情绪锻炼的机会,做情绪的主人。

五 活在当下,不要预支明天的烦恼

年关将至,赵辉的试用期也快要结束了。他阳光、帅气、努力工作,在公司的表现并不差,近期却每天吃不好、睡不好,为自己的前程愁容满面。许多问题在他的脑海中萦绕着挥之不去,让他忧心忡忡。比如,自己的表现能否通过公司的考核,考核通过后自己会被分配到哪个城市工作,考核不通过该如何向父母解释,又要如何维持以后的生活等。

层出不穷的问题影响着他的生活,让他找不到快乐的理由。和他一起来的另一个男生的想法相对单纯一些,他只知道自己正处于人生重要的转型时期,只需要努力做好自己,该来的总是会来的。有一次两人聊天,同事的话点醒了赵辉:"每个人都有自己的烦恼,活在当下,努力就好,不要为明天的事情过度发愁。"

生活中,我们经常试图提前将人生的烦恼消除掉,从而更好地生活,更自在地成长。但是,很多事情并不是我们能够掌控的,试图将明天的烦恼在今天解决掉,不仅会让自己活得更累,还会剥夺本属于我们的快乐。

长期盯着远方,会让我们经常拼命追赶,看到的永远不是当下,而是离自己越来越远的理想。长期奔跑,找不到合适的目标,就会导致我们情绪沮丧,感叹人生多艰。如果不把眼光收回来,就永远体会不到世界的美好。

活在当下,才能享受当下的美好。就像日本哲学家岸见一郎在《被讨厌的勇气》中所说：

请不要把人生理解为一条线，而要理解成点的连续。如果用放大镜看用粉笔画的实线，你会发现，原本以为的线其实是一些连续的小点。看似像线一样的人生其实也是点的连续，也就是说，我们的人生只存在于刹那之中。

"刹那"指的就是现在，与"刹那"联系着的，一边是过去，另一边是未来。未来是不确定的，过去已经无法改变，只有活在当下才是生活的真谛。担心，是让自己活在了未来；后悔，是让自己活在了过去，而活在当下才是对自己最大的接纳。

接纳过去生活的不堪，也接纳生活的不确定，让我们在时间的流逝中活在当下，努力奋斗，形成良性循环，为自己解压，让自己活得轻松一些。正所谓"车到山前必有路"，与其为未来发愁，还不如做好现阶段的自己，享受现在的美好。

> **情绪管理**
>
> 烦恼何其多，且活在当下。与其忧虑明天的烦恼，不如更好地把控今天，为明天打好基础。遇到自己不想做又不得不做的事情的时候，要苦中作乐，积极地面对，过好今天才能享受明天的美好。

六 别被情绪左右，利用逆向思维解决问题

逆向思维也被称为求异思维，它是一种"反其道而行之"的思维，用思维的对立面来进行深入的探索。换一种思维之后，事情会朝着多样化的方向发展。

利用逆向思维，原本复杂的问题也会在思维转变中逐渐成为简单的问

题，并朝着我们希望的积极方向发展。当我们失意的时候，不必为短暂的失意而苦恼，换个角度想一想，或许在这份苦恼中存在着另一种可能。当我们以积极的心态应对的时候，心情也会随着时间的推移而出现变化。

赵琳夫妇有一个可爱的女儿，为了生计，夫妇两人带着孩子到某城市打工。工作很好找，但是房子不好租。房东一看他们带着一个孩子，都不想将房子租给他们。这让赵琳很烦恼。

孩子虽小，但她将父母的难处看在眼里。当再次接触房东的时候，孩子用稚嫩的声音问道："叔叔，我可以租您的房子吗？我只带两个大人就行，我没有孩子。"

房东听到孩子的话，哈哈笑了起来，最终同意将自己的房子租给这可爱的一家。

社会是一个万花筒，无时无刻不在发生变化。当遇到问题的时候，墨守成规很难找到合理的方法解决问题。转变方式之后，利用逆向思维进行分析，就可以走出思想禁锢的牢笼，找到解决问题的方法，最终摆脱不良情绪。

情绪管理

换个角度，转变思维，原本困扰我们的问题可能就会迎刃而解。站在问题的对立面，学会换位思考，找准方向，理性分析和判断，就很容易找到问题的解决方法，继而从消极情绪中走出来。

七 与其反复纠结，不如重新开始

汪杰在某信息产品公司工作多年，最近由于人员调动，被调到业务部工作。他对新工作充满热情，积极应对工作中的难题。

第九章　情绪转移，与状态不好的自己说再见

转眼间，汪杰和公司所给的预备客户都沟通完毕了，但那些客户没有签单的想法。不过，他通过开发人脉资源获得的客户流露出了很明显的签单意愿。

然而，和领导沟通的时候汪杰才知道，上周公司就上调了报价，他没有接到通知。

汪杰问领导："那我之前谈下来的客户怎么办？他们买的产品也要调高价格吗？"

领导面无表情地说："是的，统一上调，上周就已经通知过了。"

当他向领导表示这样做不太合适时，领导直接回了一句："不好就别干，必须全部重新报价！"

汪杰心里很不高兴，赌气说道："不干就不干，我下周就办离职！"

回到家中，汪杰又开始纠结，他在这个公司待了4年，还是有些不舍，但都已经在领导面前冲动地说出那些话，又不好回头。

思前想后一番，他决定通过微信向领导解释和道歉。发过去以后，领导并没有回复。第二天他再发消息时，发现领导已经将他拉入了黑名单。

汪杰心如死灰，沮丧地把这个消息告诉了自己的哥哥。他的哥哥对他说："职场如战场，没有回头路。如果低声下气乞求谅解和理解，还不如放弃这份工作，重新开始。"

汪杰认真思考哥哥的话，过了一天，他对哥哥说："我已经决定离开了，事情已经这样，没有必要强求，我要重新开始。"

汪杰的哥哥说："是应该祝贺你离职，还是应该为你感到可惜呢？毕竟你在公司是那样努力，那样渴望得到认可。"

汪杰笑着说："还是祝福吧，多亏你开导我，我觉得做得不开心，还不如早点儿离开。约好了明天面试，我要重新开始了！"

生活就是这样，掺杂着太多不如意，与其纠缠那些不如意，不如重新开始，在纠结的情绪中转变思路，懂得变通，这样才能成为情绪的主宰者，也能成为人生的赢家。

> **情绪管理**
>
> 生活中有很多事情，只有放下，才能重新开始。明智的人，在前行的时候不会一味向前冲，他们懂得回头看一看自己走过的路，在艰难和选择面前能够及时调整前行的方向。

八 告别愧疚，别让自罪感压垮身体

愧疚是一种错误认识带来的负面情绪，会给人带来自我否定和怀疑的痛苦感觉。愧疚的人一般在内心深处含有自罪感，并很难表达出来。假如这种情绪一直发展下去，人的精神会倍受折磨。

我们在人生道路上面临着很多岔路口，我们或许会犹豫，不知道选择哪条路，也不知道自己的选择是对还是错。尽管如此，我们仍然要做出选择，毕竟人不可能同时踏上两条道路，选择一个便意味着放弃另外一个，这也是人们愧疚的部分原因。

其实，只要我们用心选择，不管结果如何，都不用愧疚当初的决定。毕竟事情已经做过了，无法挽回，就不要再后悔和自责了。愧疚除了影响自己的情绪之外，没有任何意义。

张雪莹的父亲罹患胃癌，在生命最后的一段时间里，父亲无法吃固体食物，张雪莹只能每天早上买豆浆给父亲喝。张雪莹看着日益消瘦的父亲，非常难过，在心里自责，"为什么在父亲身体健康的时候没有多带他去吃好吃的，现在只能给他豆浆喝"。她觉得自己不是一个好女儿，做得太糟了。她越想越内疚，工作的时候会一个人哭起来。

张雪莹此时与父母住在一起，回家的时间越来越晚。后来张雪莹发现，自己是在躲避父亲，因为见到他就会有自责感和愧疚感，但是回家的次数越少就越愧疚，于是形成了恶性循环。

后来，张雪莹学习了心理学，意识到愧疚感对她与父亲的关系毫无帮助，只会拉大两人的距离。张雪莹知道父亲也不希望她自责。

于是，张雪莹慢慢放下愧疚感，面对父亲时不再有那么大的压力，她抽出更多时间陪伴父亲，最后那段时间张雪莹和父亲的关系变得很亲密，而她也很庆幸自己能以这样的心态陪伴父亲走到最后。

愧疚感的主要来源是我们进行了不合情理的判断，主观倾向感太强，习惯于对出现的冲突和问题进行错误归因，并且把原因归到自己身上，认为是自己的过错导致别人痛苦，而这样的想法远离了事情的真相。

> **情绪管理**
>
> 不要为已经做出的决定后悔，也不要为已经犯下的错误内疚，不要让过去的事情影响现在的心情。我们要在生活中多一些微笑，培养乐观的心态，生活就会逐渐饱满而充实。

九 走自己的路，别让流言蜚语主宰你的情绪

意大利诗人但丁有句名言："走自己的路，让别人说去吧！"这句话看起来很容易做到，其实在面对众人异样的眼光、遭受非议时，能够真正做到心如止水、平静对待的人是很少的，因为这需要勇气，十分考验一个人的心理承受能力和心理素质。

对于流言，人们的态度是不同的。有人深信不疑，有人有所怀疑，有人随声附和，有人理智思考。有人会为了达到自己的目的恶意中伤他人。出现这种情况，我们应该如何应对呢？是对其置之不理，让它随时间消散，还是摆出事实，击破流言？或者是愤怒不已，争吵不断，极力澄清自己呢？很显然，急躁地表现出愤怒情绪或者极力澄清自己并不是解决问题的好办法，这样做只会让事情变得更复杂。俗话说"流言止于智者"，我们应该理智地对待这种事情。

对待不同的流言，我们可以采取不同的应对措施。

（一）误会复仇型

很多流言蜚语的源头是误会，因为误会导致当事人出现忌恨、愤怒等情绪，于是他们通过流言蜚语宣泄自己的情绪，报复流言对象。一般来说，制造流言的人敏感多疑，以自我为中心。

"童瑞瑶，作为一个95后，我知道你很有个性，但还是奉劝你，不能光有自我意识而没有自我反省能力，我们的忍耐可是有限度的！"

早晨上班打开邮箱，这封匿名邮件把童瑞瑶的好心情浇灭了。她觉得很委屈，眼泪在眼圈里打转，重要的是她不知道自己错在哪里。

下班坐地铁的时候童瑞瑶遇到了同事黄晓娜。黄晓娜看到童瑞瑶垂头丧气的样子，好几次都想说话，但欲言又止。直到童瑞瑶的眼泪落下来，黄晓娜才吞吞吐吐地说："瑞瑶，你知道吗？同事们背地里都说你不把老员工放在眼里。"

童瑞瑶觉得自己太冤枉了，其实她一直很佩服老员工，觉得自己有很多需要向他们学习的地方，怎么可能看不起他们，不把他们放在眼里呢？

同事们为什么都这么说呢？

晚上躺在床上，童瑞瑶忽然想起一件事。一周前，她上班时遇到总经理，总经理急匆匆地把一个U盘交给她，让她帮忙打印一份文件。童瑞瑶打印完文件，正要给总经理送去，迎面走来了老员工罗阳。罗阳的目光扫过文件，本来微笑的脸立刻紧绷起来。童瑞瑶当时急着给总经理送文件，所以并没有在意罗阳的表情变化。现在想来，一定是罗阳误会了自己。

童瑞瑶一直跟着罗阳熟悉工作，总经理规定，童瑞瑶的策划方案一定要由罗阳指导以后再让部门主管审核。那一天，童瑞瑶拿的文件标有"策划方案"四个字，罗阳一定是误会她越级把文件交给总经理了。

对于这种流言蜚语，最好的办法就是化解误会，掐掉源头。沟通一直是化解误会的好方法，但前提是选择合适的沟通方式。一般来说，可以采用点对点式的单向沟通。

以案例中的童瑞瑶来说，她可以在和罗阳单独相处时，装作无意间说起总经理让自己打印策划文案的事情消除罗阳的误会。一旦掐掉了误会的源头，流言也就能慢慢平复了。

假如不采用点对点的方式，而是点对面的方式，会让流言制造者在众人面前丢面子，激起其保护面子的防御心理，为了自圆其说，他可能会制造更多的流言蜚语。

（二）妒火中烧型

某些人的得意总会让一些人觉得自己是失意的，于是产生嫉妒心理，通过制造流言蜚语来维持自己的心理平衡。其实这些流言制造者的内心很软弱，他们没有自信通过努力来改变局面，只能通过诋毁对方来获得安心。

面对这种流言蜚语时，一定要保持自我，不能降低自己的努力目标，而是要更加努力。因为人们的嫉妒心更多指向比自己稍微优秀一些的人，而不是比自己优秀太多的人。因此，当我们的优秀程度让嫉妒者无法企及时，他们的嫉妒也就不会再转向我们了。

当然，希望流言蜚语完全消失是不可能的，所以关键在于我们对待流言蜚语的态度。我们要以平静的心态面对流言蜚语，这比极力辩解有用得多。流言蜚语就像一个影子，只要我们光明磊落，流言蜚语只能蜷缩在我们的脚下。

（三）自我炫耀型

"你知道吗？销售部的小涵在他岳母家一点儿地位都没有。"

"你发现没有？唐丽对郑维有意思，可听说郑维在大学谈了一个女朋友，现在还在恋爱呢！"

"我听说新来的员工小刘开车出过车祸，你们没看到他走路有点儿跛吗？"

这种流言制造者是典型的"大嘴巴"，似乎谁的事情都知道，并且一经他的"报道"，事情就完全走了样。

这类人的流言对象是多变的，他们本身不是为了伤害谁，而是想通过制造流言蜚语来获得他人的关注和接纳。这些人往往缺少自我价值感，非常希望吸引他人的注意力。

其实，大家并不会真相信他们说的话，只是大家都有窥探别人秘密的心理，所以就不由自主地跟着传播这些流言了，其实心里并没有过多地在意，属于"左耳朵进，右耳朵出"。因此，我们只要及时说出事实，进行澄清就行了。

当然，流言蜚语并非只有坏处，它也有正面的作用。比如，人们在议论我们，表明我们在某一方面可能存在不足，我们可以从中吸取教训，完善自己，学到更多有利于自己的东西。

情绪管理

很多人在遇到流言蜚语时会慌手慌脚，变得焦躁不安，丧失理智。其实这本来是一件小事，或者不过多参与，或者积极处理，事情都可能会很快过去，若与人针尖对麦芒，最后可能会使事情越来越糟，难以收场。

十　做白日梦不是懒惰，而是奇思妙想的源头

白日梦并不都是消极颓废的，有时也能产生积极的作用。当我们被困难和挫折所困扰，遭遇负面情绪纠缠的时候，不妨卸下心里的重担，偶尔做个白日梦——放飞自己的想象力，既能放松心情，也能整理思绪。

想象力是一种重构现实的能力，不仅会为工作带来很多助益，还能对人的心理产生积极影响。当我们的头脑中混杂了大量信息时，可能不知道如何整合分类，这时不妨闭上眼睛，做一做白日梦，在这个过程中，大脑也在高速运转，将接收的信息自动整合，能够更好地消化与学习。

德国心理学家斯科特·巴里·考夫曼曾说："假如要重新定义'智慧'，应该把想象力加进去。"那么，我们应该怎样发挥白日梦的最大效用呢？

（一）放空自己，随心所欲地想象

我们可以把用脑比喻为"开车"，平时的思索就是在车流拥堵的道路上行驶，虽然目的明确，但压力非常大，情绪压抑。做白日梦就相当于把车开到人烟稀少的地方，这时开车非常自由，心情舒畅。

为此，我们尽量不要把日程表安排得太满，要给自己留出一些放松的时间，让自己的想象力自由驰骋，天马行空。这种随心所欲的想象可以迅速放松身心，减少压力，使我们神清气爽。

（二）开启头脑风暴，发散思维

在每一天的工作和生活中，我们会渐渐形成思维定式，使自己的思维局限在某个条框内。这样一来，我们的思维和想象力就会受到很大的抑制，不利于做出科学、正确的决策。

因此，当我们遇到瓶颈时，不妨慢下来，让自己尽情畅想，开启头脑风暴，发散思维，就很有可能在纷繁复杂中理清思路，找到解决问题的最佳对策。不仅如此，白日梦还能减轻心理负担，缓解困扰和烦躁的情绪，让我们在身心舒畅的状态中完成工作。

（三）不走寻常路，激发奇思妙想

中规中矩的生活很容易僵化人们的思想，使想象力逐渐消退。因此，我们要不断挑战生活常规，在平凡的生活中寻找乐趣和新鲜感。比如，闲暇时可以阅读思路和视角独特的书籍，收获不同的思想；在上下班途中，可以更换不同的线路，看一看路旁不一样的风景，为一成不变的生活带来一丝新鲜感；随心所欲地想到什么就去做什么，体验毫无计划的惊喜感；培养多种爱好，为生活增添乐趣。总之，要充分利用突发奇想的不确定性，激发自己的想象力。

> **情绪管理**
>
> 撇去"做白日梦就是异想天开"的成见，不妨给自己一些做白日梦的时间。做白日梦不仅可以帮助我们舒缓情绪，还能理清思路，带来灵感，提升效率，只要不过度，场合适当，是利大于弊的。

第十章

情绪疏导,
快速摆脱负面情绪的纠缠

一个人不能左右天气,但可以改变心情;一个人无法改变容貌,但可以常带笑容。很多事情是可以改变的,情绪也是如此。当负面情绪缠身时,我们可以适度宣泄,摆脱其纠缠,就会觉得云开雾散,月朗风清。

一　适度宣泄，丢掉堵在心口的情绪垃圾

任何人都无法承受负面情绪的长期困扰，但喜怒哀乐又是人之常情，所以我们需要在负面情绪出现时，找到合适的方式宣泄自己的负面情绪。

例如，有人喜欢找人倾诉，把不愉快的事情说出来以消除不良情绪；有人喜欢运动，让情绪垃圾像汗水一样被挥发掉；有人则喜欢找一个安静的地方记录自己的心情，通过文字清掉情绪垃圾……

某企业有一个名为"出气室"的精神健康室。在这个房间里，一些满含怨气的工人可以走进去，对着经理、老板的橡皮塑像猛揍一顿，以发泄自己的不良情绪。等到情绪发泄完毕，再进入"恳谈室"，与等候在那个房间里面的员工交谈，倾诉自己的不满。

通过这样的方法，企业大大提高了员工的工作效率，也降低了职工在岗位上的发病率。可见，宣泄心中的不满，对于一个人的工作和健康都有着非常积极的影响。

情绪发泄对健康的积极影响早已得到研究证实。1969年，哈坎松进行的一项研究表明，人在发怒时血压会迅速升高，当他通过大声喊叫、大声哭泣或者报复行为将怒气发泄出去以后，血压会很快恢复到正常水平。相反，假如强行把怒气压制下去，血压会在很长的一段时间内维持高水平，然后才能慢慢恢复正常水平。不仅如此，压抑怒气还会对心脏造成损伤，是诱发冠心病的主要原因之一。

当然，宣泄不良情绪也要适度。

（一）镇静情绪

在情绪不满的时候，可以通过欧廉·尤里斯教授提出的"三步走原则"浇灭心中的怒火：一是降低声音，二是放慢语速，三是胸部挺直。

做完这三步以后，原本紧张的情绪就会变得从容起来，再深呼吸几分钟，即可控制自己的情绪。

（二）情绪地图

每个人的情绪不同，宣泄的方式也不同。有人喜欢责怪自己，常常抑郁不安；有人喜欢责怪别人，遇到事情就怒气冲天。认清自己宣泄情绪的类型，找准处理方式：前者要多与人交流，找人倾诉；后者要多加反思，发泄情绪之前要看清场合，运用上面提到的"三步走原则"来镇静情绪。

（三）积极、乐观

内心乐观可以战胜大部分不良情绪，因此要培养积极、乐观的生活态度，打败不良情绪。

情绪管理

古人云："忍泣者易衰，忍忧者易伤。"因此，当有情绪垃圾的时候，要找到合适的宣泄口，减少不良情绪的恶劣影响。宣泄是情绪的释放，它可以疏导堵在心中的不良情绪，避免由于情绪失控造成的决堤风险。

二 做做运动，让坏情绪随汗水一同蒸发

当身处不良情绪中时，人的心情很像拥挤的道路，在十字路口，车辆汇成海洋，司机们拼命地按着喇叭，眼看交通要瘫痪的时候，交警出现了，糟糕的拥堵场面得到了控制与缓解。我们心灵欠缺的，就是那个"指挥交通的交警"。运动其实就是处理不良情绪的"交警"，适当运动可以

及时疏导不良情绪，使其发泄出来。

运动对不良情绪的疏导效用是有科学依据的。人在运动时，大脑会分泌一种叫作"内啡肽"的物质，科学家将其称为"快乐素"，这种物质可以使人体产生愉悦的情绪。

在挥汗如雨的运动过程中，不良情绪也会随着汗水一同流淌，最后消失不见。

刘源在一年以前过得非常不顺心，整天沉浸在沮丧和颓废的情绪中，对待任何事情都马马虎虎，觉得差不多就行了。他经常逃避各种活动，白天工作也是松松散散，"做一天和尚撞一天钟"，晚上就是熬夜打网络游戏，他感觉自己就像一个废人。

后来，在朋友的建议下，他进入健身房锻炼身体，每天晚上锻炼。每个月，他都会按照规定的要求完成各种训练任务。慢慢地，他开始喜欢上这种感觉。又过了几个月，刘源发现自己变得越来越自信了，之前的颓废也一扫而光，整个人容光焕发，对生活充满了激情。刘源爱上了自己，开始计划如何过好崭新的每一天。

运动需要适量，对于不同类型的情绪，采用的运动方式也要有所不同。

（一）消除压力，舒缓运动

人们压力过大时，经常会出现紧张、焦虑等不良情绪。这些情绪来临时不要害怕，可以选择一些休闲类的舒缓运动来减少情绪的不安。比如，可以通过钓鱼、游泳、骑行等与大自然进行心与心的交流，调整自己的心态。

（二）临界情绪，剧烈运动

在情绪爆发之际，如冲动、愤怒时，我们可以通过剧烈运动缓解情绪，比如，可以选择拳击、大喊大叫、快跑等方式平复情绪。

（三）萎靡不振，集体运动

当感到伤感、精神不振时，我们可以参与一些集体性活动。在集体项目中，我们可以体会到积极向上的正能量，让团队精神感染自己，让自己从消极情绪中逃离出来。

> **情绪管理**
>
> 通过运动的方式发泄情绪时，一定要量力而行，避免因为用力过猛造成运动伤害。研究发现，带着愤怒或伤心进行高强度健身活动可能对心脏造成伤害，在一小时内心脏发病的概率大大增加。

三 给自己松绑，别让不良情绪拖了后腿

每当不良情绪以排山倒海之势来临的时候，一旦其占据主导地位，我们好像变了一个人，在与不良情绪做斗争中，会变得越来越纠结，心灵被禁锢窒息。不良情绪过后，受伤的可能不仅仅是我们自己，还有我们挚爱的亲人和朋友。

一个被捆绑的身体会失去行动的自由，而一颗被捆绑的心也会失去与人交流的自由，生活会变得黯淡。因此，我们要学会给自己松绑，把不良情绪释放出来，这样才可以去做更多有价值的事情。

28岁的销售经理丁宁从小就学习出色，大学毕业以后，他很顺利地进入外企，从底层业务员一步步地努力打拼，终于成为销售经理。他的家庭条件不错，自己收入也不低，但他的心情一直很不好，甚至有时候会觉得生活毫无乐趣可言。

由于长期埋头工作，他很少有自己的时间，甚至连陪女朋友的时间都很少。久而久之，女朋友直接和他提出分手。于是，丁宁感觉更加痛苦。

只要不工作，他就感觉十分孤独、寂寞。再加上他是经理，平时除了工作之外，基本上找不到合适的人交流。他的负面情绪无处排解，长期积压在心中。

直到有一天他没有上班，同事们找到他的时候才发现，他们一直羡慕的人竟然在家中打开煤气阀，静静等待死亡的到来。大家都在疑问，到底是什么事情让他走上了自杀的道路。

丁宁有着别人都羡慕的职位和工资，工作很出色，本来应该过着非常幸福的生活，但由于长期积攒在心中的情绪垃圾得不到清理，他走上了自杀的不归路。

试想，如果他能及时将消极情绪发泄出去，或许就不会发生后面的悲剧。因此，郁闷的人请舒展一下自己的眉头，为自己松松绑，因为除了我们自己，其他人没有办法让我们的心灵恢复自由。很多人将自己的心束缚在心灵的"监狱"中，不肯为自己松绑，也不懂得如何为自己"减刑"。

学着给自己松绑，是每个人都需要做的事情。

（一）认知调节法

决定我们情绪的不是事情本身，而是我们个人的认知模式。因此，我们需要调整自己的认知，积极地看待面临的问题，以消除消极情绪。遇到问题后，可以换个角度看问题，寻找参照物，以找到平衡点的方式进行情绪调整。

（二）适当宣泄法

打开自己的心理束缚，把情绪适度地宣泄出来，这对自己的心理也非常有利。比如，可以大哭一场，或者到KTV放声歌唱，或者找亲友倾诉，都有助于释放情绪垃圾。

（三）生理调节法

微笑可以带来好心情。当我们的心情被不良情绪束缚时，不妨做出微笑的表情和动作。经常做出这类行为，微笑开始变得自然，心情也会随之改变。

> **情绪管理**
>
> "修得平常心，笑看世间事。"保持平常心，打开心扉，从容地面对生活。不因成败而忧伤，不因昨天而痴狂。当我们给心灵松了绑，才有可能克服负面情绪，在逆境中奋勇向前。

四 在日记里发泄情绪，痛苦也会变成美好回忆

生活中遇到烦心事再正常不过，内心中的不良情绪长时间得不到疏导，就很容易出现身体或者心理疾病，所以情绪需要一个合适的出口，而借助写日记的方式疏导情绪既安全又有效，可以让原本沉闷的心情轻松起来。

社会心理学家詹姆斯·潘尼贝克教授通过实验研究证明，书写能够有效改善人们的情绪和健康状况。把烦心事书写下来不仅有利于心理健康，还能增强免疫系统的功能，减少生病的可能性。

（一）书写有助于表达和宣泄情绪

很多人在经历不愉快的事情以后把情绪和想法埋在心里，被压抑的情绪就像被堵住的洪流，时间一长便会积攒很多压力，最后情绪崩溃。从"大禹治水"的故事中我们得知，对付洪水宜疏不宜堵，对待情绪同样也是如此，我们应该将情绪表达出来，不要压抑情绪，而书写就是一种十分有效的表达情绪的方法。

（二）书写有助于改变认知

人的情绪通常不是事情本身引起的，而是人对事情的看法引起的。因

此，改变我们对事情的看法，就可以改变情绪。将自己对某件事情的看法写出来，可以让我们重新认识这件事，形成对这件事的新看法、新态度和新情绪。

（三）书写有助于将模糊的情绪清晰化

人的情绪和想法一般是模糊的，相对来说，语言要具体得多。书写可以把情绪和想法具体化，用语言的形式表达出来，是将模糊的模态信息转化成具体数据信息的过程。情感认知神经科学研究发现，这种信息的转换能够有效地调节情绪。

写日记是一种方式。写日记时，我们应注意两个要点。

第一，重点记录事件发生的时间、地点和人物，但没有必要将每一次情绪经历都记录下来，只需要记录重大的情绪经历，而且在情绪产生之后应尽快记录，时间隔得越久，记忆就越模糊，甚至记忆被扭曲或者被夸大。

第二，具体记录事情的经过、自己的情绪感受，不要使用模糊的字眼。

当笔尖在纸张上游走，似乎所有的烦恼都融入文字中，怒火与不满都会转化为日记本中的文字，思想会变得轻松，情绪也会得到缓解，原本看似非常困难的问题此时看来变得简单，这就是写日记的魔力。

情绪管理

"路之值得赞美，在于它不站起来要做纪念碑。"日记也一样，它之所以值得赞美，就在于它不会站起来与我们对抗。我们可以让日记成为最真实的朋友，当作我们的情绪出口，协助我们在痛苦过后感受美好的回忆。

五 情绪疏导不能急，发火之前请先数到十

一个人不可能完全没有脾气，哪怕我们再有涵养，也难免会遇到一些

不如意的事情而生气甚至发火。

发火往往源于我们的愤怒情绪，愤怒通常会让人失去理智，甚至使人做出错事或蠢事。不善于疏导情绪、控制怒火的人，说话会非常刻薄，不顾及他人的感受，做事情不注意分寸，伤害人的感情，使人际关系变得很差。其实，这些不良情绪是可以被自己的内心消化的，只是大多数人没有学会怎样疏导自己的情绪。

当情绪要爆发的时候，不妨迅速地离开现场，或者转移思维，让自己远离情绪的"圈套"。

有一位优秀的企业家，历来行事稳健。虽然他每天都要做出一些重大决策，但他几乎没有犯过重大的错误。

就在他快要退休时，有人问他成功的秘诀是什么，他笑着说道："实际上并没有什么秘诀，我的生意之所以顺利，是因为我知道愤怒的时候尽量少说话、少做决定而已。"

杰斐逊曾说过："在你生气的时候，如果你要讲话，先从一数到十；假如你非常愤怒，那就先数到一百，然后再讲话。"产生负面情绪后，要想远离冲动，可以借助数数缓解自己的情绪。

同样，想要发火的时候，我们可以在手机备忘录中打出几个字："冷静，冷静，一定要冷静！"在写这几个字的过程中，心绪可能会开始平静，理智开始占据上风。

解决问题的方式有很多种，只要我们保持理智，在情绪被疏导之后再处理问题，事情可能就会朝着我们预想的方向发展。

> **情绪管理**
>
> 　　冲动是人生的绊脚石，理性才是成功的催化剂。因此，在情绪来临之时，不要急着发火，要通过自我引导，科学地掌控情绪，理智地做出决定，这样才能找到问题的解决方法。

六　与其被人看扁而生气，不如努力争口气

　　生活中有各种各样的人，他们可能因为我们能力不佳，或者不了解我们，而被虚荣心怂恿着嘲笑我们。遇到这种事情生气、争吵都没用。与其被人看扁而生气，不如自己努力争口气。

　　一个人最重要的是要让自己变得更强大，当我们足够强大时，能伤害我们的人就会减少。

　　刘静涛大学毕业后到一家大公司上班，刚进入职场时，他在工作上尽心尽力，与同事的相处也十分融洽，同事们都很喜欢他。可在年终评比时，他以为自己的工作业绩和好人缘可以为自己带来奖励，谁知事与愿违，他的排名远远落后。

　　刘静涛十分不解，越想越生气，开始愤愤不平：他们肯定暗中做了手脚，获奖的应该都是领导的亲戚或朋友。越是这样想，他就越生气，心理变得灰暗起来。

　　自此以后，刘静涛对公司里的每一个人都摆出一张冷面孔，工作上也不再积极努力，不仅与同事们的关系变得很紧张，工作也经常出现纰漏。部门主管察觉到刘静涛的这种变化，一次例会之后把他叫来谈话。主管与刘静涛推心置腹地谈了很久，但让刘静涛记忆最深刻的是"与其生气，不如争气"这句话。这句话让他豁然开朗。

是啊，与其这样怨天尤人，还不如静下心来，通过学习缩短差距，这样才能走出眼前的困境。后来，刘静涛改变了自己的心态，积极地改善与同事的关系，下定决心向优秀员工学习。慢慢地，他获得了大家的认可，在这一年的年终评比中获得了很多奖项，还被提拔为项目经理。

有人说，生气是无能的表现。这句话其实有几分道理，因为生气只会让自己恼怒，既伤害身体，还扰乱思绪，根本解决不了任何问题。人生有顺境也有逆境，有谷底也有巅峰，当我们身处逆境或谷底时，要知道自己不会一直这样，与其抱怨，不如改变；与其生气，不如争气。

> **情绪管理**
>
> 张小娴曾说："与其因为别人看扁你而生气，倒不如努力争口气。争气永远比生气漂亮和聪明。"当我们遇到生气的事情时，化心中的怒火为前进的动力，通过不懈的努力超越别人，终将成就最好的自己。

七 深呼吸一分钟，放松紧张情绪

研究表明，人在紧张的状态下往往会呼吸急促，肺部不能被充分地利用，空气中的氧气和血液中的二氧化碳没有进行充分交换就被排出体外，血液中残留了大量的毒素。体内的器官在这样的情况下分工不均，很容易出现胸闷、心悸的情况。

深呼吸可以放慢呼吸的速度，深深地吸入空气，让其充分地进入肺部和腹部，然后缓缓地呼出。当深吸气时，肺部也因此达到最佳工作状态，胸腔也随之扩大，为内脏提供更大的空间，降低心脏跳动的压力，继而为身体提供更多的养分，促进毒素排出。

那么，应该怎样通过深呼吸来放松紧张情绪呢？

（1）尝试深呼吸3～5次，感受身体发生的变化。

（2）再次深呼吸，把注意力集中在双肩，吸气和呼气时要放慢速度。吸气到顶时，最好保持2～3秒，感受双肩的感觉，然后慢慢呼气，感受双肩的变化。在吸气时，我们应该可以感觉到双肩变得紧张，呼气时又变得放松了。

（3）再进行3～5次深呼吸，此时把注意力集中在头部，在深呼吸时感受头部的变化。

（4）逐渐放松，把深呼吸变成正常呼吸。这时就会发现，我们每呼吸一次都会感受到身体在放松。

（5）最开始时，可能需要很长时间才能进入状态，但随着练习次数的增加，我们会更快地进入放松状态，练习一周以后，只深呼吸5～8次就能获得放松的效果，从而平复情绪。

情绪管理

人在紧张时，呼吸一般会变得很浅，也就是呼吸急促，甚至屏住呼吸，使身体进入缺氧状态。这时闭上眼睛深呼吸，可以放松心情，缓解紧张的情绪。只要气息顺了，全身的能量畅通了，情绪就会跟着平顺了。

八 运用森田疗法，顺其自然战胜抑郁情绪

很多人一听到"抑郁"两个字，马上会想到抑郁症。其实，抑郁情绪与抑郁症并不相同。抑郁情绪是每个人在生活中都可能遇到的负面情绪，如痛苦、压抑或自卑等；而抑郁症则不同，它已经属于精神类疾病范畴，

需要接受系统和专业的治疗。

对抑郁情绪来说，森田疗法是一种十分有效的缓解方法。

森田疗法是1918年日本神经科医生、心理学家森田正马博士创立的一种基于东方文化背景的、独特的、自成体系的心理治疗理论与方法。该疗法将"顺其自然，为所当为"作为基础原则。这八个字看似简单，做起来却很难。

森田正马曾经说过："人如何服从自然呢？就是放弃徒劳的人为。想依靠人为的办法来支配自己的情感，就如同要使鸡毛上天，河水逆流，不仅不能实现，反而会徒增烦恼。这些都是人力所不能及而强为之，所以痛苦难忍。"

这也从一方面阐述了事物发展的规律，让我们了解什么是"顺其自然"。简单来讲，就是要认清客观事物的发展规律，包括情感和感知，并明白这些规律并不会以人的意志转移，因此要服从事物的认识规律，才能跳出思维的怪圈。

"为所当为"要求我们将自己的注意力从自己的内心世界转移到外部世界，从而让我们的关注点不再停留于症状上。虽然我们存在抑郁情绪，但要做当前应该做的事情，不要等到自己的情绪调整好再做。这样一来，我们的学习和生活也会得到正向反馈。

比如，早晨心情很抑郁，经理这时候分配任务，要求统计经销商大会的参会人员名单。这时我们不要因为自己的情绪不好而放置任务不管，而要及时地开展工作，完成工作。在工作中，我们或许会收到意想不到的效果。

那么，在生活中怎样运用森田疗法呢？

（一）端正外表

越是心情不好的时候，越应该花时间整理自己的外表。整洁、美丽的外表与美好的心情是相互联系的，要想使精神振奋起来，应该多给自己一些积极的心理暗示。

（二）充实生活

有人遇到烦心事就喜欢将手头的事情放下，然后仔细思索，其实这样一心一意地对待烦心事，反而会把它"惯坏"，让自己长期陷于抑郁情绪而无法自拔。

森田疗法非常重视行动的力量，主张保持充实的生活状态，踏实做事，减少胡思乱想的时间，使心情有所好转。

（三）正视现实

正视现实，意味着遇到问题要勇敢面对，而不是逃避问题。逃避问题是很多情绪问题的根源，对抑郁情绪也不例外。如果一直逃避问题，就无法有效地发挥自己的潜力，整日整夜被抑郁情绪所困扰，最终使人生道路越走越窄。

因此，我们要正视现实。在现实中遇到问题时，应该尽力地解决问题，将解决问题的过程当作自己成长的阶梯。在时间的见证下，我们将问题一个个地踩到脚下，这时会发现自己的心智在不断成熟。

（四）不要过于追求完美

过于追求完美，反而会对生活中的美好事物视而不见，而过度关注不完美的事物。其实，每一个想要保持心理健康的人都要学会接纳自己和这个世界的不完美。

（五）敢于行动

很多事情并非要等到有了信心之后才去做，相反，我们只有先去做这件事情，才能逐步增加信心。产生抑郁情绪的人，在做事情时通常没有自信，优柔寡断，迟迟无法采取行动。不过，如果一个人总是不行动，他就永远无法获得自信。

人的自信心的主要来源是成功的经验，我们积累的成功经验越多，就越自信。因此，要想积累足够多的成功经验，最好的办法就是走出舒适区，积极地采取行动。

（六）不要急于求成

产生抑郁情绪时，人们通常想快速摆脱精神上的痛苦，但是经常事与愿违，越是想要摆脱痛苦，就越深陷于这种痛苦中。

森田疗法讲究"顺其自然"，也就是说，要顺应情绪产生、发展和消亡的规律，不强求消极情绪立刻消失，而是学会接纳这种情绪，做到"为所当为"，做应该做的事情。坚持做有意义的事情，很快就会发现抑郁情绪早就离我们而去了。

情绪管理

为了适应生活中的起起落落，我们必须学着"顺其自然，为所当为"。在接纳不完美的自己，接纳糟糕的情绪，并通过努力改变不理想的自己时，会发现一切已经慢慢好转起来。

九、应对信息爆炸，远离信息焦虑

在移动互联网时代，很多"手机党""低头党"每小时都要掏出手机看五六次，很害怕遗漏重要信息，刷微博、微信聊天、浏览新闻资讯、关注明星八卦……假如哪一天没了信号或者停电，他们就会浑身不舒服，紧张、焦躁，担心错过什么。这些心理上的不适还会引发生理上的不适，出现失眠、食欲减退、恶心呕吐等症状。

以上现象正是信息焦虑症的体现。人们之所以患信息焦虑症，主要是因为随着科技的发展，各种信息呈爆炸式产生，人们短时间内接收的信

息过多，无法消化，导致了一连串紧张与自我怀疑。

信息焦虑症影响了人们的注意力，把宝贵精力和时间浪费在无用的信息上，导致工作拖延，而对过载信息的处理无能及工作拖延后产生的自责和紧张，会进一步加重人们的焦虑。因此，信息焦虑症不仅对职业生涯有不良影响，还会给心理和身体健康带来伤害。

一位哲学家曾说过："绝对的光明和绝对的黑暗，对一个人来说，结果是一样的——什么也看不见。"这句话阐述了"过犹不及"这一道理。信息匮乏和信息过载造成的结果是一样的，都让我们无法使用真正有用的信息。

王愫熙大学毕业后成为一名记者。作为一名新闻人，她在采访之外的时间很害怕遗漏重要的信息，为此她不停在网上找资料。

于是，王愫熙每天来到报社的第一件事就是打开电脑，回复邮件，利用空档时间浏览新闻资讯，刷一刷微博，与朋友在微信上聊会儿天……就这样，两三个小时很快就过去了。这时她才准备好进入工作状态，但发现很难踏实下来。于是，她无意间就又把鼠标点向了网页、资讯……因此，她的很多工作都要留到晚上，甚至深夜才能完成，这让领导非常不满意。

有一次，王愫熙与同事到一个偏远山区采访，那里还没有安装网络设备。王愫熙原本以为自己的工作效率会提高不少，没想到，没了网络她居然浑身不自在，很心慌，就好像错过了一个重要的约会一般。她担心错过微博上的新闻和信息，万一有重大新闻，别的媒体可就抢先了。内心的焦虑慢慢让她出现头痛、恶心和失眠的症状。她意识到自己患上了信息焦虑症。

后来，王愫熙向心理咨询师求助，在心理咨询师的建议下，她一到周末就主动关闭电子设备，去和朋友见面，与朋友一起活动，多看纸质书，偶尔练习书法，做一些体育运动，品尝美食……过了一段时间，王愫熙的信息焦虑症逐渐消失了，工作效率提高了不少，她也不再被焦虑情绪困扰，心态变得很平和。

既然信息焦虑症给我们的生活带来很多负面的影响，那么我们就要摆脱它，甩走这种"时尚病"。那么，如何才能治愈信息焦虑症呢？

（一）接收有用的信息

信息爆炸时代，信息纷繁复杂，对自己有利的信息和不利的信息混杂在一起，需要我们有选择地接收，把无用的信息过滤掉。

（二）明确工作目标

我们在一开始就要明确工作目标，在工作时间只关注与工作目标有关的信息，主动屏蔽无关信息，这样既能避免信息焦虑，还可以提高工作效率。

（三）放慢生活节奏

我们不一定要做全才，毕竟每一个人的经历、专长和性格不同，一个人都不可能掌握所有信息。而且我们成功与否并不完全取决于掌握信息量的大小。因此，完全没必要为自己的信息量感到焦虑，不妨放慢生活节奏，让无关的信息远离我们的生活。

情绪管理

面对海量信息，要想不被信息焦虑困扰，就要明确方向，有选择性地接收信息，每天留一段时间理清思路，放慢生活节奏。

十　争吵并非一无是处，坏情绪会在沉默中越积越多

产生不良情绪以后，我们要适当地释放，尽快将不愉快发泄出去，吵架有时也是一种非常有效的情绪调节方式。尽管吵架不是最积极的方式，但对于恢复良好情绪有时是十分有利的。

争吵可分为两种情况，一种没有伤害性，即偶尔吵一吵，双方由于关系亲密，争吵还会产生强烈的交流，也是激情的表现形式之一，争吵过后双方会感觉到非常痛快，不会伤心。另一种有伤害性，吵架吵得鸡飞狗跳，也会造成精神疲倦。

张晨性格十分内向，但他的妻子刘娟是一个急性子，性格外向，喜欢说话。每次刘娟一生气就想找张晨吵架，但张晨都是默默走开，尽量避免和刘娟发生冲突。外人认为他们之间从来没有争吵过，十分羡慕他们的生活状态，但刘娟自己并不这么认为。刘娟每次只要有生气的苗头或者语气加重一些，张晨就闭上嘴巴，"打不还手，骂不还口"，时间一长，刘娟觉得这样的生活很没有意思，于是他们的交流减少了，经常一天说不上三句话。

有一次，刘娟晚上加班到很晚，回到家发现张晨已经睡下，她马上就发起火来了，大声说道："我这么晚才回来，你也不打电话关心一下，更不想着接我，就算不是夫妻也没有你这么冷漠！"

张晨一看苗头不对，立刻抱起枕头去客厅看电视，刘娟冲他大喊："你好歹和我解释一下，要不然和我吵一架也行啊！每次我一发脾气你就这样，我这是和空气过日子啊！"但张晨仍然眼睛盯着电视，不说一句话。

没过多久，刘娟向张晨提出了离婚，张晨很惊讶，他不知道自己哪里做错了，自己什么事情都让着刘娟，不和她计较，而且家务也处理得很好，为什么刘娟要和自己离婚呢？他询问原因，刘娟对他说："我们的婚姻一直平淡如水，从来没有争吵过，我一直觉得自己像是一个人在生活，我们两人相处一点儿乐趣都没有，既然这样，我们在一起还有什么意义呢？"

张晨这才明白导致离婚的主要原因，他赶忙向刘娟道歉，并声称以后会多注意，但此时刘娟早已心灰意冷，执意要离婚，张晨无法挽回，只能表示同意。

他们两人一起去办理离婚手续时，办事员只问了他们几个问题就发给他们一套表格，告诉他们怎么填写，离婚手续不到半个小时就办好了。当张晨和刘娟离开后，有人问办事员："你怎么不劝劝他们两个呢？"

办事员说："如果他们是打打闹闹，吵着架来的，我大概还会劝他们好好思考一下，修复感情，因为能吵架，就说明彼此之间还很在乎，心里还有爱。但他们两人很平静地进来了，我一看就知道，不用劝了，怎么劝也没用的。"

由以上案例可知，一味地沉默并不能解决问题，吵架其实是一种情感宣泄方式，如果有了矛盾用沉默来对抗，矛盾双方的情绪都得不到释放，矛盾也会越积越多，恰到好处地争吵可以使人际关系变得更加协调，促进彼此之间的了解。

争吵时，要注意以下几点。

（1）要注意使用文明用语，不能说脏话，再生气也不能口不择言。

（2）学会控制情绪，争吵时尽量不要大吼大叫、摔东西，表现得越野蛮，越不利于解决问题。

（3）不要打断对方说话。争吵也是一种沟通，当对方在说话时，一定要耐心倾听，给予对方足够的尊重。

（4）争吵要尽量回避他人。

（5）就事论事，不要把事情扯到其他人身上。比如，对另一半表达不满时，不能把不满情绪扩大到另一半的亲属。

（6）要善于分析问题。双方在争吵时要分析原因，到底是哪件事让对方生气，说出自己的想法，也让对方说出他的想法，了解问题的根源，这样下次就不会再犯同样的错误，争吵自然就会减少。

（7）用词要准确，不能夸大其

词，即使对方有错，也不能夸大，这样会让对方"破罐子破摔"。比如，妻子指责丈夫玩游戏，照顾孩子的时间太少，但在表达时说成"你天天玩游戏，一次也不帮忙带孩子"，而丈夫并非一次也不带孩子，妻子把丈夫照顾孩子的事实全都忽视了，会让丈夫非常不满和委屈，只会激化矛盾。

情绪管理

　　生活中难免会出现一些磕磕碰碰的事，争吵也是时有发生。争吵也是一种沟通和交流的方式，虽然争吵时双方会情绪不佳，但有了矛盾，一味沉默也不是办法，有技巧地争吵反而会让不良情绪及时纾解，有利于解决矛盾。

第十一章

情绪平衡，告别心理失衡才能赢回内心的平和

"世界上所有的生命都在微妙的平衡中生存。"情绪也是如此。心绪难平的人容易患得患失，轻则影响生活质量，重则影响一生。学会释怀，不怨天尤人，告别心理失衡，才能赢回内心的平和。

一 学会释怀，活出洒脱的人生

所谓释怀，借用丰子恺先生的话来说，就是"不乱于心，不困于情。不畏将来，不念过往。"释怀不但是对自己负责，也是尊重他人的表现。释怀是一种修养，一种境界，也是一种智慧。

学会释怀，才能活出洒脱的人生。人生就像长途旅行，不停地行走，沿途看到的事情不一定尽如人意，或许会有很多坎坷，但这些都不要紧，用一颗理智的心，释放那些负面情绪，就会获得克服困难的勇气和信心。

要想使内心平静，就要保持一颗释怀的心。把过去发生的事情都记在心里，就会给自己增加太多心理负担。过去的事情无法改变，时光一去不回，不必纠结，要学会轻装上阵，心才不会觉得累。

有一对夫妻结婚后每天都吵架，最后闹得社区调解员登门调解。

在调解过程中，夫妻二人仍然喋喋不休地抱怨，调解员听完后只说了一句话："你们当初结婚就是为了无休止地争吵和抱怨吗？"

夫妻二人听了立刻不再说话，都陷入了沉思。

控制自己的情绪，做情绪的主人，是学会释怀的良方。人生苦短，没有必要在无谓的事情上做过多的纠缠，否则只会增添烦恼。实际上，人的很多烦恼都是自找的。有人在追求完美的道路上越走越远，不断苛求自己，以致陷入痛苦的深渊；有人无法原谅自己犯下的错误，也无法容忍别人犯下的错误，因此在痛苦与愤怒中无法自拔。这些烦恼使他们远离人群，陷入无尽的孤独之中。

人生在世，要学会化繁就简。当我们身处顺境时，要学会把得到归零，戒骄戒躁；当处于逆境时，要学会把失去归零，重新拾起对未来的希望。

学会释怀，让烦恼随风而去，放下所有的负面情绪，释放心中的所有怨气，生活才会变得轻松，所谓"一念之间，天地皆宽"。

> **情绪管理**
>
> 感悟人生，学会释怀，过去的终究是故事。曾几何时，辗转在路上，将忧愁记在心间。宣泄之后，学会释怀，堆积在心头的情绪垃圾被清理，未来的每一天都会倍感轻松，更加精彩。

二 不要怨天尤人，想想那些不如你的人

人总会欲求不满，欲望是一个无底洞，而一旦在获得某种需要的过程中遭遇失败，就会觉得自己很不幸。其实，远不如自己的大有人在，有时想一想那些不如自己的人，心里的不平衡感便会减弱。这个世界上没有人过得一帆风顺，我们并不是最不幸的人。

刘志东一直梦想做一名企业家，有朝一日可以实现自己的人生价值，并为社会做出贡献。他踌躇满志地前往外地经商，经过五年的奋斗，获得了巨大的成功，他的店铺营业额在当地首屈一指。然而，一场大火把他的店铺烧得精光，他几年的努力化为灰烬，心血付之东流，他变得一无所有。

于是，刘志东变得意志消沉，每天唉声叹气，悲痛欲绝，觉得命运对自己不公。他觉得自己以后还会遇到更多的挫折，便来到山崖边，想跳崖结束生命。

当刘志东来到山崖顶端时，发现早有一位老人站在那里。这位老人在

山崖边走来走去，犹豫不决。刘志东问他为什么在山崖边独自徘徊。

老人悲伤地说道："我的家庭本来很幸福，一家三口其乐融融。但几年前我得了一种怪病，很多名医都束手无策。为了看病，家里已经一贫如洗。为了治好我的病，妻子和儿子每天都过得很节省，非常辛苦。我现在就是家里的累赘，我要是死了，他们就过得轻松了。"

刘志东听了老人的话，突然意识到原来这个世界上还有比自己更命苦的人。这时，不远处走来一位挂拐棍的乞丐，虽然身体摇晃得厉害，但他兴高采烈地向山上走来，看样子是来山上游玩的。

乞丐看到他们两个人，很高兴，便在他们两人身旁席地而坐，擦了擦脸上的汗，说："今天天气不错，两位的兴致真高，这么早就来山上游玩了啊！"

这时他们才发现，原来乞丐只有一条腿，一只胳膊。可想而知，乞丐爬山的时候有多辛苦。刘志东心里一惊：我只不过是失去了五年的财富，但我的身体还很健康，还可以东山再起。那位老人家也只是暂时得了病，但妻子和儿子对他特别好。这个乞丐身体残疾，又无依无靠，却活得这么逍遥自在。与他相比，我这点儿挫折算得了什么呢？

想到这儿，刘志东对老人说："我不寻死了，我想要继续活下去。咱们两个还不是最可怜的人，他们都没有想着寻死，我们更没有资格去想这些。"

老人听了刘志东的话，点头表示同意，于是两人一起下山，准备重新面对生活中的挫折，迎接新的生活。

当我们觉得自己非常苦，并为此怨天尤人时，不妨想一想那些比我们更苦的人。与他们经历的痛苦相比，我们的痛苦实在微不足道。然而，虽然他们过得苦，但他们不以之为苦，而是快乐地生活，我们又有什么理由因为遇到一点儿挫折和痛苦就自暴自弃呢？

情绪管理

生活本来就充满酸甜苦辣，面对不好的变故，不妨多想想那些不如自己的人，改变自己的悲观想法，用笑容和努力去面对生活。我们会发现，所有的怨天尤人都抵不上自己对成功和幸福的努力争取。

三 减少期望值，期望越高失落越大

心理学上用"情绪指数"来衡量人的情绪。情绪指数的公式为：

$$情绪指数 = 期望实现值 \div 内心期望值$$

从这个公式可以看出，在期望实现值确定的情况下，一个人的内心期望值越高，情绪指数就越低，体验到的消极情绪就越多；反之，情绪指数越高，体验到的积极情绪就越多。换句话说，一个人的期望值越高，遇到的情绪冲突就越多，导致成功带来的成就感减少，而失败带来的挫折感增加。

我们满怀期望，一旦结果与自己的期望不符就会出现失落感。在理想丰满、现实骨感的社会生活中，我们要学会降低期望值，以降低自己的失落感。

理智、充满智慧的人大都明白，对生活的期望不能过高。当我们追求成功时，也应该做好随时迎接失败的心理准备；当我们渴望幸福降临的时候，也要做好随时承受苦难的准备。

懂得随遇而安，放低期望，并不意味着失去期望，更不能空有目标而不去行动，因为想象再丰满，但当从梦中醒来回到现实的时候，如果没有行动，失落感就更强。

比如，我们计划今年储蓄10万元，但是空有想法，没有合理地规划自己的资金，一年之后不仅没有存够10万元，甚至还可能出现负资产，挫败感可想而知。

降低期望值是一种淡泊的心理境界，也是一种非常务实的思想方法。期望与现实终归是有距离的，有时通过努力可以消除这种距离，而有时则不能改变，这时就不要再"奢望"了，应当轻装上阵，保持平和的心态。

降低期望值的另一种方法是及时丢掉不切实际的梦想。我们每个人都有梦想，这是我们奋斗的目标。我们首先要明确自己的梦想是什么，明白自己想要得到什么，这样才能为实现梦想而努力。不过，梦想一定要符合现实，要从个人实际情况出发，如果是漫天空想，不仅无法实现梦想，还会让自己充满挫折感。

当然，丢掉梦想是一件非常痛苦的事情，但为了以后更好地生活和发展，一定要懂得放弃，不能有丝毫犹豫和不舍。

20世纪二三十年代，有一位名叫皮尔的法国少年很喜欢跳舞，他的梦想是成为一名优秀的舞蹈演员，在舞台上绽放光芒。然而，他的家庭很贫穷，没有钱送他去舞蹈学校学习。皮尔10岁的时候，他被父母送到镇上的一家缝纫店当学徒工，每天都工作十几个小时。

皮尔非常伤心，他难过的是他觉得自己离梦想越来越远，每天都是在虚度光阴。他的内心非常焦虑，有时甚至想结束自己的生命，逃避痛苦的生活。

正处于绝望情绪中的皮尔突然想起自己崇拜的舞蹈大师，被誉为"舞蹈之父"的布里。皮尔顿时觉得有了希望，他认为布里一定会想办法帮助自己。他激动万分地给布里写信，希望布里能够帮助他，让自己做他的学生。皮尔还在信的最后写道："假如一周之内我没有收到您的回信，我就选择为艺术献身，跳河自尽。"

几天以后，皮尔果真收到了布里的回信。他兴奋地打开信件，本以为会看到布里答应收他为学生的答复，结果发现自己的愿望再次落空了。布里在信中详细讲述了自己的经历。原来，布里很小的时候梦想当一名科学家。但是，家里太穷，他不得不和一个街头艺人一起卖唱。在信的最后，布里劝诫皮尔：人的梦想与现实往往会有很大的差距。要想实现梦想，首先要保证自己的生存，只有先好好地活下来，才能慢慢实现梦想，不然一切都是空谈。一个人只有先珍惜自己的生命，才有资格谈梦想。

布里的回信让皮尔恍然大悟。从此，皮尔开始认真地学习缝纫技术，几年以后创办了自己的服装公司。后来，他的服装品牌享誉世界，这个品牌就是"皮尔·卡丹"。

正是因为放弃了最开始不切合实际的梦想，把精力放在现实中，皮尔终于认识到自己的价值和潜力，从而获得了成功。

放弃不切合实际的梦想，实际上是为了学会生存，学会发展。尽管最初的梦想没有了，但为梦想奋斗的精神还在，我们还可以利用它来激励自己。

情绪管理

"不以物喜，不以己悲"，是一种淡然的处世态度。在人生的修行中，幸运与不幸总是相伴相生的。遇到不良情绪时要积极应对，处之泰然，降低期望值，将遗憾转变为动力，才能获得成长的智慧。

四 对他人的包容，会给自己快乐和力量

包容别人其实就是善待自己。世界上不存在完美的人，每个人都或多或少存在缺点。过于计较别人的缺点，不仅不会获得自己想要的结果，反而会让自己陷入苦恼当中。因此，学会包容别人，也会给自己力量。

包容别人，我们获得的快乐也很多。在漫长的人生道路中，我们会认识很多人，经历许多事情，肯定会遇到让自己生气的事情，也就更需要拥

有一颗包容而真诚的心。

很多时候我们不能改变他人的看法，只能改变自己的心态，让自己不要计较太多。学会包容他人，内心豁达，生活才会有更多的快乐。

包容是一种良好的生活态度，只要对方做的某些事情没有突破自己的底线和原则，我们不妨包容对方的小错误，这样眼睛看到的世界是光明的，而这正是快乐的源泉。

包容的力量巨大，或许某个人以前"小心眼儿"，但当他懂得包容别人以后，整个人会变得大气、大度，与之前相比更容易开心，更懂得知足。

包容能让我们对人对事释怀，让自己不再纠结于利害得失。"一个人的胸怀能容得下多少人，就能赢得多少人。"包容对他人有益，对自己更有益。

刘美林家世代以采珍珠为生。刘美林通过不懈努力，获得了去美国读书的机会。去美国之前，母亲亲自下水，为她采了一些漂亮的珍珠作为送别礼物。

临行的那个晚上，母亲把她叫到身边，语重心长地说道："出门在外，你应该像蚌一样，学会理解与包容，知道吗？"刘美林不明白母亲为什么这么说，只是似懂非懂地点了点头。

母亲解释道："人们想获得珍珠的时候，就会把沙子放进蚌的壳内。沙子进入蚌壳内会硌到细嫩的蚌肉，它肯定会觉得不舒服，但它没有办法把沙子吐出去。这时它就面临两个选择，要么抱怨沙子来到自己的身体内，使自己感觉痛苦，感叹自己的命运太差，在以后的日子里就一直充满抱怨和哀怨；要么想方设法把沙子同化，让沙子和自己和平共处，好让自己轻松一些。

"蚌选择了后者，用黏液把沙子包裹住，使沙子不再刺痛自己。裹上蚌液的沙子就成为蚌身体的一部分，不再是异物了。到后来，沙子裹上的黏液越来越多，蚌也就越来越平静，能够心平气和地与沙子相处。直到沙子与蚌融为一体，蚌再也没有不舒服的感觉了。"

刘美林明白了母亲的用心良苦，她一生谨记母亲的教诲，最后终于获得了成功。

包容能够换来更广阔的生命空间。或许我们曾经失去过，或许受到过伤害，但这些都是无法挽回的，事情已经过去，就不要再耿耿于怀。怀有一颗包容的心，才能继续前行，要把过去的经历当作人生的精神财富。

当我们真正学会包容，才能比别人站得更高，看待问题会更透彻，处理问题更有效率。包容让我们懂得人生是不完美的，人性也是不完美的，过多地要求别人是不理智的。用一颗豁达的心体谅他人，走出计较的盲区，心态才会更加平和。

情绪管理

生活不是战场，无须一较高下。人与人之间，多一分理解，就少一些误会；心与心之间，多一分包容，就少一些纷争。心有多大，快乐就有多少；包容得越多，得到的也就越多。

五　问题简单了，快乐就来了

或许大家都有这样的感受，随着年龄的不断增加，我们的心思越来越重，收获的快乐却越来越少。小时候，我们可能会因为得到一颗糖高兴半天，也可能会因为获得老师的表扬激动好几天，但长大以后，我们获得的越来越多，快乐却越来越少。

对这一局面，最好的解决之道就是让问题简单一点儿。

让问题简单一点儿，就是给自己的生活做"减法"。这里说的"简单"，并不是指用幼稚的方法解决问题，而是以"简单"为核心，用简单的思维方式解决复杂的问题，即化繁为简。

几个投资者在郊区合买了一块很大的地皮，他们想在这里建一个动物园，但面临着一个问题——怎样把动物笼舍建得结实一些以保证游客的安全？他们请教了专家组成员，想了很多办法，但迟迟找不到合理的方案，有的成本太高，有的运输起来太麻烦，有的是管理不便。

最后，他们决定花巨资从国外引进类似玻璃的材料，为动物们盖起一座座封闭式住房，让游客隔着玻璃观看动物。

其中一位投资者在讨论结束后拖着疲惫的身体回到家中，儿子见他愁眉紧锁，便问道："爸爸，你怎么看起来不开心呢？"这位投资者正在思考材质的稳固问题，思路被打乱之后有些气恼地对儿子说道："你还小，能懂什么？我正思考问题呢，好不容易有点儿思路，又被你打乱了。你赶紧到旁边玩去吧，不要打扰我！"

孩子不听，反而爬到他的腿上，说："看你这么发愁，我帮你一起想想吧。"

投资者很无奈，只好简要地讲述了一遍白天开会的内容。孩子听完以后有些好奇地问："爸爸，为什么你们非要把动物关起来呢？人就不能被关起来让动物参观吗？"

投资者听完孩子的话觉得莫名其妙，但很快反应过来，一拍脑袋，兴奋地亲了一口孩子的脸蛋，说道："孩子，你太聪明了！我怎么没有想到呢？我们可以把笼舍的内部变成外部，外部变成内部。"

不久后，在这个动物园中这个大胆的想法就被实现了，动物可以不受拘束地在自然环境中生活，而游客被"关"到"笼舍"里——在门窗关紧的汽车里观察野生动物。

生活中有很多本来很简单的事情，但被人为复杂化了，将问题简单化是最有效的处事方法。

一个人若在生活中过得顺心如意，肯定会用简单的方法处理复杂的事情，也会以单纯的思想来看待周围的事物。拥有了这种简单的生活态度，才能过得自然、轻松、愉快，正所谓"天下所有的事情都以简易为最好的境界。"

当然，简单并不是一件容易的事情，我们在践行简单时要学会舍弃。对那些无意义的事情，要主动舍弃，节省自己的精力和时间去做更有意义的事情。

同时，我们要培养简单、恬淡的心境。人都有欲望，但欲望过多就容易使人陷入失望与挫折的情绪中。所谓简单、恬淡的心境，就是不做过高的期望，不过分追求完美。

> **情绪管理**
>
> 人生之路，有曲有直，有起有伏，有难有易，我们与其烦恼、忧愁地生活，还不如积极、乐观地享受人生。要的不多，就不会太苦恼；想得不多，就不会太复杂。用简单的态度来面对复杂的际遇，把握真正属于自己的快乐。

六 别把情绪当囚牢，走出自己的世界看远方

"世界那么大，我想去看看。"之前某中学教师写出了一句情怀深远的辞职信，引发网友热议。有人认为这是一种不顾后果的冲动，有人则觉得看外面的世界是不断完善自我认知的需要。其实不只是身体，当情绪被束缚的时候，走出情感的世界看远方也很有必要。

不良情绪让我们寝食不安，难以入眠。但若我们学会调整心态，走出

自己的情绪枷锁之后，看向远方就会发现，原来世界是那么美丽。

张德与妻子生有一个女儿，夫妻俩都特别疼爱这个活泼可爱的孩子。但不幸的是，孩子在三岁的时候夭折了，张德夫妻俩为此哀恸不已。又过了两年，他们两人又有了一个女儿，但孩子出生还不到一个星期又不幸夭折了，张德内心非常悲痛。

接连的不幸彻底把张德击垮了，很长时间他茶不思，饭不想，晚上失眠，精神恍惚，异常颓废。他把自己封闭起来，沉浸在伤痛之中，妻子忍受不了压力，向他提出了离婚。

周围的朋友们都建议张德去看心理医生，但他见到心理医生也是什么都不愿意说，只是呆滞地看着墙面。医生只好给他开了安眠药，建议他通过旅行散心。不过，张德仍然大门不出二门不迈，把自己锁在家中，仿佛自己被什么东西捆绑住了似的，无法动弹。

张德在这种状态中持续了大半年，人们以为他再也无法恢复了。然而，有一天人们发现他居然奇迹般地恢复过来了，开始积极地面对生活。这是怎么回事呢？

原来，有一天张德正呆坐在后院，他五岁大的侄子跑到他家。侄子一进门就跑到他身边，吵着闹着让他给自己做一条小木船。张德自然是没什么兴趣，不过他的侄子很会缠人，最后张德只好答应他，花费了3个小时做好了一只小木船。

张德看着满地的木屑、铁钉，再看看侄子的笑脸，他突然想道：刚才的3个小时似乎与过去很不一样。这是他遭受打击以来第一次感受到被人需要和重视，第一次体验到精神上的愉悦。

就这样，他跳出精神恍惚的状态，反思自己，并勇敢地迈出家门，找到很久没有联系过的好友，与他们畅谈心中的苦闷。自此，张德终于从内心的牢笼中走了出来，打破了忧郁的心锁，振作了起来。

要想走出情绪的牢笼，可以尝试运用以下几种方法。

（一）丢掉旧物，减少与旧情绪之间的联系

情绪的牢笼中不仅有我们自己，还有那些过不去的人和事。一旦接触到这些人、事或者场景，我们就容易联想到过去的不幸，也就容易变得消沉。因此，不妨将与这些人和事有关的旧物丢掉，减少与旧情绪之间的联系，从而放空自己的内心。

（二）辩证地看待消极情绪

在生活中我们难免会产生挫折、痛苦、悲伤等消极情绪，对此，我们要意识到消极情绪本来就是生活的一部分，不用逃避，更不必害怕，要从另一个角度发现这些不如意对自己的帮助。辩证地看待事物，了解事物都具有两面性，我们才能拨开失望的迷云，看到希望的曙光。

（三）适当转移注意力

当我们没有能力解决某些事情时，不如暂时放下这些事情，做让自己心情愉快的事情。这样做可以减轻自己的心理负担，平静内心。心情平复后，再思考之前遇到的问题，心里的失望与失落可能就不会那么深了，也更容易找到解决问题的办法。

（四）积极与他人交往

当我们走出封闭的内心世界，开启心灵之门与外界交流时，就会发现这个世界远比我们认为的要精彩得多。与人交流，不但可以了解他人，还可以让他人了解自己。只有充满斗志、动力十足地站在生活的舞台上，秀出自己的风采，才能实现自己的独特价值，让自己成为强者。

（五）规划未来，畅想美好明天

遍体鳞伤并不可怕，可怕的是沉浸于痛苦中无法自拔。我们要规划好自己的未来，想想自己应该为实现目标做些什么。这样或许能让我们走出

悲痛，主动迎接美好的明天。

情绪管理

情绪不可怕，可怕的是挣脱不了情绪的束缚，在情绪中无助地挣扎。当把自己从情绪的囚牢当中放出来后，我们会发现，很多问题都能迎刃而解，心理变得坦然，生活变得轻松。

七 学会给生活做减法，才能活得更轻松

有人曾说："成长是做加法，成熟是做减法。"人在年轻的时候，什么都想要，总觉得拥有的东西越多就越快乐。长大后才发现，懂得享受生活的人都善于为生活做减法。

我们要清楚地知道哪些东西是不该要的，哪些东西应该果断丢弃的。不管是多余的物品，还是无效的人际关系，都应该痛快地舍弃，这样才能清爽自在，轻装上阵。

建筑师凡德罗曾说过"Less is more"，这句话不仅适用于建筑艺术，也适用于生活艺术，因为简单的东西，通常会给我们带来更多的享受。我们生活的主角是自己，而不是物品。因此，我们要掌控自己的生活，选择给自己带来"舒适、舒服、需要、满足"的物品，而舍弃那些自己不需要、让自己感到不舒适的物品。

被心理学家称为"囤积症"的一种现象在现在的年轻人中十分普遍，他们会不由自主地囤积各种各样的物品，认为自己现在就算不用，以后也会用得到，于是家里的空间逐渐地被越来越多

的物品挤满。其实，他们囤积的不是物品，更多的是带给其负担和精神压力的物欲。只有舍弃无用之物，减轻心理负担，生活才会更轻松。

《断舍离》的作者日本整理术大师山下英子曾有一段时间决定学英语，于是订购了一年的英语教材和磁带，然而她一直没学习，这些学习资料就堆积在家里。每次她一看到这些东西就觉得很有压力，后来就把它们收起来了，再也不想看见它们。

过了很久，当她再次发现这些英语教材和磁带时，录音机时代已经过去了，这时她才毫不犹豫地把这些东西处理掉了，处理完以后，她的心里痛快极了。

除了清除物品，我们还要学会在人际交往中做减法。

在移动互联网时代，我们看似增加了很多社交关系，但这些关系大多数是无用的，只不过是在消耗自己，浪费时间。

有的时候扩大交际圈就是在给自己找麻烦，可能使我们的生活一直被打扰、被消耗。比如，今天一个朋友失恋了，希望我们帮忙开导；明天一个朋友生日聚会，让我们参加；后天一个朋友向我们借钱……

我们应该审视自己的朋友圈，看是否存在"表面关系"，不要因为辗转于这些无效的关系中而忽略了真正的朋友。学会断舍离，我们才能把精力放在重要的事情上，才能不断提升自己，收获真正的满足感。

情绪管理

快节奏的生活也需要我们慢下来。不必过分执着复杂的生活，学会做减法，才能轻装简行，活在当下。学着精简生活，才能拥抱幸福、简单的人生。

八 做人别太玻璃心，一笑而过再好不过

所谓玻璃心，是说心像玻璃一样容易破碎，敏感脆弱，极易受伤。在生活和工作中，玻璃心的人很多。有人可能会因为对方与其聊天时回复了一句"呵呵"，便觉得遭受了敷衍或讽刺；有人在职场上受不了一点儿委屈，看不得一点儿脸色，动不动一气之下便辞职离开。

一个人要想获得真正的成长，要从收起玻璃心做起。其实，自己不满的事情并不一定如我们所想的那样"不堪"，不如一笑而过，淡然处之。

当一个人有玻璃心时，就不易看清事情的真相，无法把握事情的关键，只把注意力放在自己的情绪上，而非问题本身。有玻璃心的人情绪十分不稳定，脾气很大，导致人际关系比较差，朋友也很少。

法律专业的张萱大学毕业后很幸运地到一家律师事务所做助理。一开始，张萱利用一切机会努力好好表现。她本来是个性格开朗、能够侃侃而谈的女孩子，没想到在一次和客户交谈的过程中，因为她说话太多，再加上工作经验不足，让客户非常生气，导致她的工作任务没有完成。

张萱的直接上司并没有过多责怪她，但她心里总觉得过不去。不巧的是，她的直接上司正好在这个时候修改了QQ签名——莽撞酿造的苦果，只能由自己来尝。

这让张萱更加难堪，自此以后她变得胆小怕事，唯唯诺诺，明明该说的话也不敢说了。之前她可以很轻松完成的工作，现在完成以后总是反复地向大家求证。于是，不堪其扰的同事们向上司反映了这个情况。

张萱的上司找到她，问她到底是怎么回事。张萱这时再也忍不住了，心理彻底崩溃，在办公室里哭了起来。上司对此大为不解，张萱说："我知道这一天迟早会来，我会主动离职的。"上司听了她的话更加迷惑不

解，张萱说："您之前不是在QQ签名上提醒我承担莽撞的苦果吗？"

上司哭笑不得，因为那次修改签名是因为自己疲劳驾驶碰了别人的车子，自己发了一个感慨，没想到给张萱带来这么长时间的困扰。不过，上司最终同意了张萱离职的决定，因为在他看来，一个新人做错事并不可怕，可怕的是这种过于敏感的玻璃心。

那么，为什么很多人会有玻璃心呢？有玻璃心的人又该如何解决这个问题呢？

（一）认知水平低

有些人的认知水平比较低，遇到问题时无法准确地做出判断，往往会有些偏激和武断，且难以找到事情的重点。比如，有的员工被领导责备了几句，对领导批评自己感到生气，却不去思考自己为什么会被领导批评，注意力全放在自己的不满情绪上。

对这类人来说，首先要明白这个世界上没有不委屈的人生，人一辈子不可能顺风顺水，如果不收起自己的玻璃心，不管做什么工作，都有遇到让自己不高兴的人或事的可能。

明白这一点之后，要直面自己的内心，先承认和接受自己的这一缺点，遇到类似问题时多思考问题本身，注重调动理性思维。

（二）自卑而敏感

一个人越自卑，通常就越在意面子，内心也越敏感。比如，我们最好不要在一个生活拮据而自卑的人面前提到钱，大多数时候他们会曲解我们这一举动，产生这样的想法："你就是在炫耀你有钱，有钱有什么了不起？"

对这样的人来说，要做的是提升自己，当能力提高、眼界开阔以后，格局也会变得更加宽广。俗话说得好，"当

你强大了,世界会对你喜笑颜开",这时自卑感会被成就感压制,内心变得强大,也就不会为别人的"成就"感到自卑。

(三)生活不充实

很多时候有些人之所以玻璃心,是因为他们太闲了,生活不充实,过于无聊,才会花时间胡思乱想。对这些人来说,让自己忙起来,专注工作,闲时读书或者提升自己的知识和能力,一切嘈杂的声音都会减弱,不良情绪也会随之烟消云散。

(四)敏感的想象力作祟

其实,很多让我们恐惧、害怕、寝食难安的事情并没有在现实生活中发生过。我们之所以如此害怕,实际上是内心过于敏感。假如换一个角度思考,这一天的难处就用这一天的时间去承担,以后的事情尚未可知,应该潇洒大度一些,放宽胸怀,少一些敏感,给自己的情绪一条出路。

(五)因为不足有了防范之心

人们常说:"在哪里跌倒了,就在哪里爬起来。"我们不要逃避犯下的错误,要下决心改正,勇敢地面对挫折和失败。很多人在失败以后有所顾忌,做任何事情时都敏感多疑,总害怕再次遭遇失败。他们对自己的不足很敏感,担心被他人知道自己的不足,产生了防范之心,反而使内心更加敏感。

我们要想方设法修正自己的不足,让自己从容自然地出现在大家面前,这样比揣测别人心思更轻松,更潇洒。

情绪管理

成长就是把玻璃心打磨成钻石心的过程。漫漫人生路,很多艰难险阻正在等着我们。不断努力,敢于挑战自己,让自己获得经济和精神的独立,这样才能摆脱玻璃心,成为更好的自己。

九　即使很愤怒，也要保持智商在线

在生活和工作中，我们难免会由于外界的刺激而产生一些不良情绪，甚至有时会莫名其妙地产生一股无名之火，这些都是很正常的现象。不过，不同的人对待愤怒情绪时，采取的处理办法也不尽相同。有些人就像一个火药桶，一点就着，很容易发怒；有些人则过于压抑自己的愤怒，把愤怒的情绪埋在心里。实际上，这两种处理办法都不妥当。

不善于控制怒火的人，经常会不由分说地发泄自己的愤怒，完全不顾时间、地点、场合与对象，因此给自己带来了很多不必要的麻烦，不但影响了人际关系，还会在工作、爱情和家庭等方面产生不良后果。

赵铭打算在电商平台上买一台电脑，由于电脑的价格很高，他想分期付款，但在申请开通分期付款时一时想不起银行卡号，而自己又没有携带银行卡。当时赵铭和朋友韩俊在一起，他知道韩俊的信用卡的额度是3万元，就想先借韩俊的手机购买电脑。不过，韩俊突然接到了一个重要的电话，就让赵铭先等一会儿。

赵铭在等待韩俊通话的过程中，尝试回忆银行卡号，但尝试多次都没能成功，最后发现自己无法申请分期付款功能。

赵铭的情绪顿时崩溃了，直接把手机摔到地上，但刚把手机扔出去，他就后悔了。韩俊接完电话，发现赵铭愤怒地把手机摔坏了，不知所措，还以为赵铭生气是因为自己没有借给他手机。

第二天，赵铭只好先借其他朋友的备用机去上班，然后重新买了一部新手机。让赵铭后悔的是，一时冲动不仅让自己花了冤枉钱，还让韩俊和自己难堪，差一点儿影响了彼此的关系。

愤怒的人往往会失去理智，即"智商不在线"。有句话说得好："愤怒时智商为零。"当愤怒紧紧裹住我们的内心时，我们要做的不是在愤怒和暴躁的情绪下对他人进行言语或行为攻击，而是先平复自己的心情，迫使自己冷静下来，管理好自己的情绪，以免因为冲动造成难以预料的后果。

当愤怒情绪出现时，我们可以按照以下方法平息自己的怒气，使自己的智商"在线"。

（一）暂停下来，放慢节奏

愤怒来袭时，我们可以放慢自己的节奏，在心底默念十个数，这样愤怒就会平息很多。

（二）考虑发怒的后果

在情绪失控之前，我们可以这样问自己："这样做会产生什么后果？""能解决问题吗？"当考虑到冲动的严重后果以后，我们往往会选择及时"刹车"。

（三）暂时离开

我们可以在愤怒时及时离开现场，或者远离自己发怒的对象，这样便可以"眼不见，心不烦"，愤怒的情绪就会慢慢消退。

（四）把怒气转化为志气

当我们遭遇别人的打击或嘲讽而愤怒不已时，与其当场发泄怒火，伤人伤己，还不如将怒气转化为成长的动力，努力奋进，为自己争一口气。

情绪管理

引发愤怒的事件会暂时占据大脑中很大部分的"带宽"，此时大脑的思维能力和决策水平受到"带宽"的影响和制约，所以愤怒时所做的决定很可能是错误的，因此不要在愤怒时做任何决定。

第十二章

情绪优化，
再无奈也别让世界失去
原本的颜色

世界上有太多让人无奈和难过的事情，但这正是人生的考验，我们所经历的各种人和事都是我们找寻自我、完善自我的助力。在这个过程中，我们只有善于优化情绪，才能品味幸福与快乐，遇见更好的自己。

一　善于欣赏生活，发现生活中的美

生活并不是缺少美，而是我们缺少发现美的眼睛。虽然生活并非如同我们想象中的完美，但仍旧存在很多美好的东西，从衣食住行到社会各个方面都有美的存在，都值得我们去关注、去思考、去探索、去发现。

虽然现在人们为了生活奋斗，压力很大，生活节奏很快，但也不要忘了欣赏生活、品味生活，感受幸福的时光。否则，不管一个人多么成功，获得了多少财富，其内心都不会快乐。

美产生于我们的心中，很多时候是脑海中闪现的一道灵光，难以捕捉，但能够舒缓我们的情绪。如果我们能够放下生活的束缚，优雅地欣赏生活，就能收获许多快乐。

欣赏美其实并没有想象中那么难，只要转变心态，摒弃内心的偏见和固执，美就会自动呈现在我们面前。哪怕一片树叶、一棵小草，都可以在我们心中种下美的种子。用心生活，以积极的态度面对生活，美会不请自来，并常驻内心。

有一次，杨艳和她的同事们一起远足，他们来到一个山清水秀的小山村。这个小山村虽然环境不错，空气清新，但由于位置十分偏僻，村民的生活很简朴，甚至有些寒酸。

杨艳和同事们坐在草地上休息时，听到一阵清脆的笑声。循着声音望去，杨艳看到了一个十来岁的小男孩，身上的衣服样式很旧，还有几处打着补丁，但非常干净。小男孩的脸上洋溢着灿烂的笑容，有时还会忍不住发出"咯咯"的笑声。

小男孩单纯质朴的笑感染了杨艳和同事们，杨艳问小男孩："你为什么这么高兴啊？"

小男孩羞涩地笑了，说道："树枝上的小鸟叫声真好听，河里有很多小鱼，天上的白云那么白，像棉花糖一样，肯定是甜滋滋的！还有你们穿的衣服，真好看，像花儿一样。"

杨艳听完小男孩的话，心里暖暖的，心想：如果自己在平时的生活和工作中也有这样的心态该有多好啊！

人们常说，生活是美好的，因为生活中的美无处不在。用心灵去识别生活中的美，将美融进自己的心田，融入自己的生命，这样可以提高我们对生活的热情，启迪我们的智慧，为心灵打开一扇窗户。

> **情绪管理**
>
> 美是到处都有的，我们缺少的不是美，而是发现美的眼睛。虽然我们无法阻止时间的流逝，但我们能让美好在我们身边长留。

二 自我纠正缺点，使内心更强大

一个人要想取得成就，就不能感情用事，而应理智地对待一切，发现自己的错误以后要勇于纠正。只有减少错误，改正缺点，才不会因为出现错误陷入情绪失落的状态。

并非所有处于消极情绪中的人都能冷静地处理，尤其是面对自己缺点的时候。每个人都有缺点，如果我们能够正视缺点，并及时纠正，就可以快速摆脱缺点所带来的困扰。如果我们具有良好的自我纠正能力，还可以及时地调整自我状态，提升自己的人格魅力。

王轩要去拜访一位十分重要的客户，他的领导很重视这次拜访。但是，王轩一直对这次拜访有抵触心理，因为对方官居要职，这让他感到害怕，心中有一个微弱的声音告诉他："别去了，让领导找别人去吧！"

于是，本想退缩的他突然反应过来：既然自己的恐惧心理这么严重，何不利用这个机会锻炼一下呢？于是，他放下心理负担，去拜访了这位客户。在拜访过程中，他积极热情、谈吐得体，赢得了对方的赞赏。

这次拜访之后，王轩发现正视自己的内心，并学会自我纠正，化解不良情绪是非常有必要的。在反思中接纳自己的缺点，接受最真实的自己，或许不完美，但对自己来说是一种提升。

很多时候，是自己强大内心的支撑才能让我们渡过每一次难关。要像了解自己的身体一样了解自己的情绪，要能自我纠正，不断强化内心。那么，应该如何自我纠正呢？

（一）认识自己

个体力量是内心强大的基础。当我们了解了自己的力量，熟悉了自己的优缺点之后，才能游刃有余地掌控自己的身心，让情绪成为自己的助手，在一次次自我纠正和自我完善中成就强大的自己。

（二）给自己反思的时间

这个世界纷纷扰扰、嘈杂不堪，我们的内心会受到很多干扰，再加上疲惫、不自信，整个人的状态可能会非常差。因此，每天要给自己留出一点儿时间来反思，找到自己的问题进行自我纠正，从而不断地完善自己。

（三）提高自控力

我们可以每天强迫自己去做一些本来不愿意做的事情，从而有效地提升自控力。马克·吐温曾针对"克己自制"说过这样一句话："每天去做一些自己心里并不愿意做的事情，这样你便不会为那些真正需要你完成的义务感到痛苦，这就是养成自觉习惯的黄金定律。"

情绪管理

"逆水行舟，不进则退。"不管是在顺境还是在逆境，不懂得自我纠正的人，其情绪都会成为他变得强大的严重阻力。学会认识并纠正自己，这样的力量由心而发，强大内心，会让我们穿越阻碍，走向成功。

三 放慢节拍，享受慢节奏的生活

英国的一位时间管理专家指出："那些不眠不休的工作是一种自杀式的生活。"在竞争日益激烈、生活节奏不断加快的现代社会，放慢生活节拍，享受内心的安逸，这样才有利于身心健康。

某女在某网络公司担任经理，夜间猝死，年仅28岁。猝死前半个月，她刚刚拍摄了婚纱照。就在猝死的前两天，她发朋友圈说："我烧糊涂了！"

第二天，她吃过午饭之后开始呕吐。她以为是感冒，也没有去看医生，晚上吃过感冒药睡下，再也没有醒过来。直到第二天中午，同事们怎么也联系不上她，最后才发现她已经死在家中。

这位女经理把自己当成铁人，对父母说，自己一年可以挣20万元，以后爸爸妈妈就不用干活了，而且她的弟弟正在上大学，学费、生活费等也压在她的身上。可谁都没有想到，原本快要结婚的她说没就没了。

生活节奏太快、压力的重担长期无法排遣会导致不可挽回的后果，我们要做出改变，转变生活方式，让自己慢下来，享受生活的美好。

一般来说，可以从以下几个方面做到慢节奏。

（一）饮食

建议早餐用时15~20分钟，午餐与晚餐各用半个小时左右。这样可以细嚼慢咽，更好地享受美食，同时也有助于消化，防止患上肠胃疾病。

（二）工作

工作中放慢节奏，当然这并非指懒散、不作为，而是用一种自由、开放和弹性的工作方式，使工作更有计划性。在工作中一味图快其实是不科学的，应该有张有弛，把握好节奏，使工作的过程充满愉悦。

（三）运动

运动是为了保持身体健康，所以不能一味求快，尽量让运动慢下来，可以选择一些节奏缓慢的运动，如太极拳、瑜伽或散步等，这比断断续续的猛烈运动对身体更有益。

（四）休闲

抽出时间做一些休闲活动，比如清晨时到街市上买菜，黄昏时到附近遛弯儿，假期到河边钓鱼、山里写生等。休闲，即身体与灵魂的放松，让劳累的身体歇一歇，松弛紧张的神经，沉淀浮躁的心。

（五）读书

读书不要一味求快，细嚼慢咽式的读书可以使人心静，让自己完全沉浸在书中，更关注细节描写。这种方式不仅能让我们获得更好的阅读体验，也会给心灵带来愉悦。

（六）音乐

经常听轻柔舒缓的音乐，可以陶冶情操之外，还可以增强食欲、缓解疲劳、放松神经、消除抑郁、增强自信，使身心更加健康。

慢是一种心态，更是一种注重生活体验的对内心能量的释放方式。

我们要学着让生活归于简单，放慢生活节奏，放松心弦，摒弃浮躁，静下心来享受健康的生活。

情绪管理

许多人每天忙碌得像只陀螺，不停地旋转，总想跟时间赛跑，却忽略了原本属于自己的快乐和幸福。只要我们愿意放慢生活节奏，细细体味生活中的每一个细节，就能让生活充满阳光和笑容。

四 过滤难过事，懂得遗忘才会释然

某位哲人曾经说过："只有学会忘记苦难与不愉快，才能成为最幸福的人。"从这句话可以看出，很多人之所以不幸福，根源在于不会遗忘。

生活并不总是一帆风顺的，而是苦乐参半，有苦有甜。假如一个人总是沉浸在苦闷和悲伤的情绪中，就算发生了开心的事情也没有办法获得快乐，生活肯定会被阴霾笼罩。

每个人的时间和精力都是有限的，只有学会忘掉伤心的事和人，才能远离悲伤，迎来美好。

鲍勃·彼得雷拉是美国洛杉矶的一位电视制作人，他已经60多岁了，仍然精力充沛，每天都奋战在工作第一线上。

由于工作的缘故，鲍勃每天都要记忆很多复杂的事务，所以锻炼出了超强的记忆力。当然，记忆力强早在他小时候就有所体现，他甚至清晰地记得五岁以后发生的每一件事。

这种超强的记忆力为他的事业带来了赞誉，但在生活中，他因为记忆力太好而承受了无尽的焦虑。原来，他不仅记住了过去的美好经历，还深刻地记住了痛苦的过往。很多细心的同事发现，鲍勃常常会莫名其妙地失落，或者突然变得很忧虑。

原来，他遇到了某个人，或者听说了某件事，便不由自主地联想起了之前经历过的伤心往事。这种难过时不时地占据他的心灵，让他十分苦恼。

澳大利亚作家朗达·拜恩提出了"吸引力法则"：思想就像磁铁一样有磁性，有独特的频率，假如你正在想一件愉快的事情，生活中的开心事就会被吸引过来；同理，假如你正在想一件伤心的事，不愉快的事情就会被吸引过来。

赶走坏情绪

对每个人来说，情绪是自己最好的医生和老师，它会告诉我们自己的真实想法。当我们因为考试失利、工作出错、爱情不顺心等事情而情绪悲伤时，可能走路被绊一跤都会觉得生活很不公正。

笛卡尔说："我思故我在。"一个人的心理状态会直接影响其生活状态。悲伤的情绪并不取决于悲痛的事件和沉重的打击，而源于内心对伤痛的沉陷和无法驾驭。因此，懂得遗忘是一种远离悲伤的有效方法。

情绪管理

"你的善忘，能把生活变得美好。"往事如烟，生命如虹，如果我们总沉浸在对过去的悲伤中，就难以看到生活中的美好。因此，学会遗忘，在遗忘中释然，享受恬淡的人生。

五　心里装着明天，就不会为昨天悲伤

"心里装着明天，就不会为昨天悲伤。"然而，很多时候昨天的忧伤已经悄无声息地取代了今天的烦恼。

很多悲伤的人看不到明天的希望，沉溺于昨天的过往。而积极向上的人会在每一天都给自己希望，让自己在希望的引导下不断前行，不把生命浪费在昨天的悲伤中。

对一个人来说，希望意味着什么呢？希望就像沙漠里的绿洲、荒岛上的同伴、流泪时的一张纸巾，它支撑着一个人的全部。

乔安娜·凯瑟琳·罗琳出生于英国某个小镇，她的外貌并不出众，家庭也不显赫。长大以后，她仍然默默无闻，所读的大学也十分普通。

不过，罗琳的想象力十分丰富，上学时经常到图书馆阅读童话书籍。她在25岁那年来到富有童话色彩的葡萄牙，并找了一份英语教师的工作。

第十二章　情绪优化，再无奈也别让世界失去原本的颜色

很快，她认识了一位年轻的记者，两人的感情迅速升温，很快便迈入婚姻的殿堂。然而，幸福的婚姻生活很短暂，丈夫忍受不了罗琳的奇思妙想，渐渐开始与其他女性交往。就这样，两人的婚姻走到了尽头，女儿由罗琳抚养。遭遇婚姻不幸的打击，罗琳的工作也丢了，她只好回到英国，依靠政府救济金艰难度日。

尽管罗琳遭遇了许多不幸，生活异常艰难，但她仍然充满希望，一直坚持自己的梦想，在童话世界里徜徉。有一次，罗琳在领取救济金以后，坐在冰冷的椅子上等候地铁，一个灵感突然涌上心头，她立刻想到了一个童话人物形象。到家以后，她迅速地拿出稿纸开始写作，就这样，创作的灵感一发不可收拾。

几个月后，罗琳完成了"哈利·波特系列"的第一部《哈利·波特与魔法石》。她找了很多家出版社，几经周折，这部作品才得以出版，一上市就畅销全国，随后风靡世界。

凭借"哈利·波特系列"，罗琳登上"英国在职妇女收入榜"第一名，位列美国《福布斯》杂志评选的"100名全球最有权力名人"第25位。

生活在这个世界上，有很多事情是难以预料的。但是，昨天已经远去，即使再悲伤也不能重来一次，还不如转变心态，心中装着明天，坚定信念，充满希望，毕竟人生的价值在于树立信念并努力追求。

情绪管理

不管昨天多么悲伤，仍然要对明天充满希望。我们要时刻在心中装着明天，用希望这盏"明灯"照亮悲伤的"黑暗"，对未来充满期待，不懈地努力，以期获得更好的机遇和幸运。

六 人生要经得起诱惑，更要耐得住寂寞

王国维曾说："古今之成大事业、大学问者，必经过三种之境界。'昨夜西风凋碧树。独上高楼，望尽天涯路'，此第一境也。'衣带渐宽终不悔，为伊消得人憔悴'，此第二境也。'众里寻他千百度，蓦然回首，那人正在灯火阑珊处'，此第三境也。"

王国维的这番话可以这样理解：人生要耐得住寂寞。成功者一般是孤独而执着的，耐得住寂寞，体现出了一个人的思想修养，这是一种十分可贵的风范。

人生是需要寂寞的，一个耐得住寂寞的人可以坚守内心的忠诚，不因外界的光怪陆离乱了分寸。只有耐得住寂寞，受得了诱惑，坚持内心的信念，才能成就精彩的人生。

张磊是某公司的一线操作工，每次的技术测试他都要加班工作到深夜。有时朋友邀请他出去玩，都被他一再拒绝。所有人都不理解他。

张磊似乎过上了"潜水艇"般的生活，在"水底"隐藏起来，为自己寻找目标，积蓄能量，不断地学习、充实自己，以备"浮出水面"时有足够的能力赢得同事和领导的认可。

在踏踏实实的工作中，张磊忍受着寂寞的痛苦，在众多诱惑面前坚持自我。最后，那些曾经嘲笑过他的人惊讶地看到，张磊成功地完成了工作任务，为公司做出了巨大贡献，也为自己的前程铺好了路。

寂寞其实有两种状态：一种寂寞是由于长时间忙碌而出现的，另一种

寂寞则可能是因为过于无聊而产生的。

当一个人太忙碌的时候，就会疏于和其他人交流。人都有社会性，如果一直缺乏交流，就会感觉非常寂寞，甚至出现幻灭感。这种感觉会让人怀疑人生，认为自己无论多么努力都没有意义。这时需要适当地给自己放个假，给寂寞的情绪找到出口。可以每周设定一个时间和自己的好友聚一聚，或者做一些自己喜欢的事情。

如果寂寞感是因为无聊产生的，那么排解寂寞的方法就是让自己忙起来，通过培养个人兴趣或者寻找生活中的乐趣，找到寂寞情感的寄托。当自己找到所谓的"正事"之后，寂寞的感觉就会逐渐消退，人生会变得更加充实。

古来圣贤皆寂寞。成功人士大多曾经与寂寞为伍，和寂寞相处。不过他们耐得住寂寞，因此也成就了自己的辉煌人生。

> **情绪管理**
>
> 在浮躁的社会中，我们要耐得住寂寞，找得准方向，经得起诱惑，扛得起挫折，这样才能活出最优秀的自己，用寂寞书写华丽的人生乐章。很多时候，只有耐得住寂寞，才能守得住繁华。

七 冥想静心，用超然物外的态度面对不良情绪

作为人类一种古老的修行方法，冥想或许不太被现代人接受。但是，当我们真正接触冥想以后就会发现，它是一种帮助我们调节身心的方法，能够帮助我们减少焦虑，缓解压力。

越来越多的证据表明，每天能够冥想15分钟，对我们的身心会有很大的益处。有人通过冥想获得了灵感，有人通过冥想缓解了压力，有人通过冥想提高了工作效率。冥想可以定心，可以让人以超然物外的态度去对抗

自己的不良情绪。

心理学上认为，冥想是一种心灵自律行为。冥想时，自主神经呈现出异常活跃的状态，这时大脑叫停了意识对外的一切活动，人就达到了一种"忘我"的境界。

美国卡耐基梅隆大学的研究人员曾进行过一次为期三天的心理学实验，证明了短暂的冥想练习可以缓解心理压力。研究人员招募了66名18～30岁的健康被试者，并将其随机分成两个不同的测试组。第一组称为冥想组，每天冥想25分钟；第二组称为认知组，每天完成认知训练，通过对诗歌进行批判性分析来提高解决问题的能力。最后，两组被试者都要接受相应的压力数学和压力语言测试，并为皮质醇测定提供唾液样本。实验结果显示，冥想组被试者的压力值明显低于认知组的被试者，而前者皮质醇的反应性比后者更小。

心理学家认为，冥想可以使呼吸的节奏和心脏跳动的节奏放慢，随之改变脑部供血，最终实现对情绪的影响。在长期训练下，冥想会变得更加自动、简单，从而大大减少皮质醇的反应性，明显降低心理压力。

冥想的方法有很多，比较容易上手的有呼吸冥想、行禅和物件聚集冥想等。

（一）呼吸冥想

呼吸冥想的方法如下所述。

（1）在坐垫上盘腿而坐，假如我们不能盘腿，可以小腿交叉坐在椅子上，双手放在膝盖上，直起腰部，放松肩膀，头稍前倾，放松面部，合上眼睛。

（2）提出一个冥想的目标宣言，比如"冥想让我更快乐"，并把这个宣言重复说三遍。

（3）深呼吸，从一数到十，不断重复。在呼吸时要把注意力集中在鼻尖，充分体验空气进出的感觉。在这一过程中，如果出现其他干扰，一定要促使自己集中注意力，把刚刚涣散的精力找回来。

（4）大约冥想15分钟，在冥想结束之前重复目标宣言，最后缓缓地睁开眼睛。

（二）行禅

呼吸冥想是静坐式的，而行禅是运动式的。行禅的方法如下所述。

（1）确定行走的地方。可以选择在室内行走，也可以在室外行走，不过在室外行走要选择平坦、无障碍的空旷场所。

（2）在选择的地方开始自然地行走，双臂要在身体两侧自然摆动，保持身体放松。

（3）停止内心杂念，注意体会各种感觉，比如鞋子与地面摩擦的感觉，闻一闻大自然中的清香，听一听小鸟的鸣叫……

（三）物件聚集冥想

物件聚集冥想指将所有的注意力聚集在一个特定的实体物品上的冥想方式。在选择实体物品时，可以就地取材，如一个茶杯、一块糖、一本书。

物件聚集冥想的方法如下所述。

（1）深呼吸，稳定情绪，选择冥想的对象。

（2）将所有的注意力聚集在这件选好的物品上，用眼睛仔细观察物品的细节，如颜色、纹路、线条、质地等。

通过物件聚集冥想，我们可以深刻地体会到"一花一世界"的内涵，发现原来一件平淡无奇的物品也包含了含蓄的美。

冥想虽然是一种比较有效的缓解情绪压力的方法，但在练习时也要注意一些问题，比如，血压过高或过低者要谨慎练习；有悲伤、恐惧、愤怒等不良情绪者不宜进行呼吸冥想，但可以在老师的指导下练习；劳累时也不宜练习。

总之，我们要正确对待冥想，它并不是迷信与传说，用心体验之后，我们会感受到它的魅力。

> **情绪管理**
>
> "心定则气顺,气顺则血畅,气顺血畅则百气消。"冥想恰好有定心的作用。当进行一段时间冥想后,就会发现冥想可以让烦躁不安的心找到归宿,让自己有能力对抗不良情绪。

八 克服社交紧张情绪,用洒脱和自然获得欣赏

很多社会经验不足的年轻人,一到社交场合就紧张,尤其是遇到大场面时,更是局促不安,小动作也多了起来,甚至发抖,给人留下"上不了台面"的印象。这种情况严重时,甚至会产生社交恐惧症或社交焦虑症。

王圆莉今年27岁,她即将迎来人生中的一件大事——结婚。不过,一想到即将到来的婚礼,她就十分焦虑。她并不害怕结婚,很渴望成立一个家庭,过上安稳的家庭生活,只不过她对婚礼很抵触。

婚礼当天肯定会来很多宾客,王圆莉一想到自己会面对那么多人,成为众人的关注焦点,就十分紧张,并为此三番两次地推迟婚期。

王圆莉一直是个很害羞的女孩,从小就不喜欢和别人一起玩,即使在熟悉的人群中也是如此。她在众人面前会变得很不自在,因此尽量不和大家一起活动。

从上大学到工作,她一直拒绝和其他人一起吃饭、活动,甚至公司的年终聚会她也是缺席的。

一直以来,她都在逃避与外人相处,并且已经形成习惯,觉得不参与社交活动对她不会有什么负面影响。直到快要结婚时她才体会到,这种社交紧张情绪已经影响了她的婚礼,原来问题这么严重。

社交紧张的主要原因在于太看重他人的看法,导致自己不自信。很多

人在内心紧张不安时会选择逃避，在心里设置一道防线，与外界隔离，不与他人交流。实际上，逃避非但不能缓解紧张情绪，还会使人变得更加懦弱，更加紧张不安。

心理学家认为，社交紧张情绪表现出来的害怕并非指向事物，而是自身。因此，克服社交紧张情绪的最好对策是大胆直视问题，改变自己，从而调整状态，掌握与人沟通交流的方法。

另外，积累经验也是克服紧张情绪的有效对策。一件事情做得次数越多，紧张的可能性便越小。当我们频繁地做某件事情时，就会变得越来越熟练，紧张的状态自然就会逐渐得到缓解。因此，当我们产生社交紧张情绪时，要大胆冲破心中的藩篱，多与人接触，多与人沟通，这样才能消散心中的阴霾，收获更多的信心。

情绪管理

社交紧张其实就是不自信。因此，要想克服这种情绪，就要放松心情，相信自己的人格魅力，不害怕出丑和失败，勇敢地面对社交活动，通过积累经验让自己在社交场合变得洒脱、自然。

九　征服逆境，做一个逆商强大的人

人生不如意事十之八九，在这个世界上没有人能够保证自己一直快乐、幸福。当我们身处逆境时，面对挫折和苦难，是否能够保持内心的平静，用豁达的心胸面对他人？是否仍然对生活充满信心，坚定地认为明天会更好？

生活不是一帆风顺的，各种问题都会出现，比如工作失利、情绪不稳定、人际关系较差。假如我们在这些问题中纠结往复，自然无法成为生活中的强者。只有解决掉这些问题，我们才能过上更好的生活。不仅如此，通过这些问题的磨炼，我们还能培养自己的"逆商"，使负面情绪升华为正能量。

逆商（AQ，Adversity Quotient）指逆境情商，即战胜逆境的能力。如果说智商和情商是与他人打交道的能力，那么逆商就是与自己打交道的能力。美国AQ专家保罗·史托兹教授研究发现，逆商高的人在面对逆境时会更乐观、积极，敢于接受挑战，并提出解决问题的方案。逆商低的人在面对困难时会表现得手足无措，充满抱怨，并倾向于把问题推给他人。

培根曾经说过："超越自然的奇迹多是在对逆境的征服中出现的。"要想做生活的强者，就不能害怕和逃避，要勇于接受挑战，因为机会与困难、挑战是裹在一起的。

现在社会竞争异常激烈，即便人们再有能力，假如没有强大的内心，一经历失败也会退缩，甚至放弃。如果一个人身处逆境时选择逃避和堕落，就很容易被淘汰出局。

饶雪漫的小说《离歌》中描写了一个很优秀的男孩子毛北，他出生于一个小城市的精英家庭，家境优渥，深受父母宠爱，从小学到高中一直是佼佼者，几乎没有遇到过任何不顺利。

高考前夕，他对好友说出豪言壮语："我毛北一定要考入北京大学，离开这里！"然而，考试前夕毛北感冒了，他起床稍微晚了一会儿，匆忙赶到考场，虽然没有迟到，但忘记带准考证了。他当时很慌张，匆忙回家拿准考证，回来时考试已经进行了半个小时，他无法进入考场了。

他一路痛哭回家，把自己反锁在卧室里，不管父母如何规劝，就是不出声。后面的考试他更是直接放弃了。他说："都丢了一整门的分数了，

第十二章　情绪优化，再无奈也别让世界失去原本的颜色

还考什么考？"他在卧室里对父母嘶喊。

高考结束当晚，毛北打开卧室阳台的窗户跳下楼，结束了自己的生命。他在遗书中写道："我是个失败者。"

小说中的毛北对待挫折的态度太过消极。有时我们的学问和能力并不一定决定成败，决定成败的反而是面对问题的态度和决心，即逆商。因此，我们有必要培养自己的逆商。那么，高逆商体现在哪些方面呢？

1. 冷静面对，不抱怨

高逆商的人在遇到问题时不会抱怨、发牢骚，因为他们知道抱怨只会浪费时间，根本不能解决任何问题，反而会因为抱怨招致更多的麻烦。

2. 在逆境中保持乐观与幽默

幽默的人一般心态良好，这种人更容易吸引他人，使他人乐于与其合作。不仅如此，幽默还能帮助人们化解自身的苦闷情绪，将更多的精力投入到更有意义的事情中去。

3. 善于转换思维

高逆商的人身处逆境时懂得转换思维，看到事物积极的一面，知足常乐，并在稳定情绪以后用创造性的思维来解决问题。

那么，如何提高自己的逆商值，突破自我瓶颈呢？

（一）勇敢面对，尝试接受

当我们产生挫败感时，不要试图对抗，也不要认为自己不该有这种情绪，而应该试着去理解并接受负面情绪。记住，治理洪水和排解负面情绪的最好方法都是"宜疏不宜堵"。

（二）记录自己的情绪

很多人觉得负面情绪不值得记录，其实在人非常痛苦的时候，记录是一种非常有效的缓解情绪的方法。我们可以通过文字来宣泄情绪，慰藉心灵，这总比胡思乱想好得多。另外，当我们再遇到挫折时，不妨翻一翻过去记录的文字，对自己说："过去遇到那么大的困难都能挺过来，现在这

点儿小困难又算得上什么呢？"

（三）锁定事件的影响范围

我们在社会中扮演的角色很多，同一个人，可能是父亲、儿子、丈夫、职员等。每个角色都有其各自的职能，这些角色之间互不干预。因此，当我们在工作上遇到困难时，没必要把不满和挫败感带回家，这样只会形成恶性循环。同理，如果在生活中遇到了烦心事，也不要把情绪带到工作中。

（四）制定合理的目标

人不要因为有了宏图大志就忽略短期目标，正是无数个短期目标才成就了宏伟的人生蓝图。为了不让自己陷于挫败感无法自拔，可以定几个小目标，让自己获得成就感，再通过成就感的推动力完成更大的目标。

（五）培养兴趣爱好

如果只把注意力局限在某一件事上，往往会没有全局观，思维也会受局限。因此，人在一生中总要有一两个兴趣爱好，在心情郁闷的时候转移注意力，使心情得到放松，等到回头再看问题时可能就会豁然开朗。

（六）结交乐观派的朋友

逆商不是先天形成的，而是后天锻炼出来的。我们结交了志同道合、互相激励、乐观开朗的朋友之后，在面对困难时会更容易解决问题。心理学家通过调查研究发现，一个没有受到激励的人发挥的能力只有20%～30%，而当他受到激励后发挥的能力是受激励前的3～4倍。

情绪管理

丁玲说："逆境是事业之路上的不速之客，对于一个有思想的人来说，没有一个地方是荒凉偏僻的，在任何逆境中，他都能充实自己。"对于高逆商的人来说，他们在面对痛苦和挫折时会变得更加强大。